科技农业
高效农业

獭兔的标准化养殖
与繁殖技术问答

陈宗刚　董晓光◎编著

U0227263

科学技术文献出版社
SCIENTIFIC AND TECHNICAL DOCUMENTATION PRESS

图书在版编目(CIP)数据

獭兔的标准化养殖与繁殖技术问答/陈宗刚等编著.—北京:科学技术文献出版社,2012.9

ISBN 978-7-5023-7259-0

Ⅰ.①獭… Ⅱ.①陈… Ⅲ.①兔-饲养管理-标准化-问题解答 Ⅳ.①S829.1-44

中国版本图书馆 CIP 数据核字(2012)第 061984 号

獭兔的标准化养殖与繁殖技术问答

策划编辑:孙江莉 责任编辑:孙江莉 责任校对:赵文珍 责任出版:张志平

出 版 者	科学技术文献出版社	
地 址	北京市复兴路 15 号 邮编 100038	
编 务 部	(010)58882938,58882087(传真)	
发 行 部	(010)58882868,58882866(传真)	
邮 购 部	(010)58882873	
官 方 网 址	http://www.stdp.com.cn	
淘宝旗舰店	http://stbook.taobao.com	
发 行 者	科学技术文献出版社发行 全国各地新华书店经销	
印 刷 者	富华印刷包装有限公司	
版 次	2012 年 9 月第 1 版 2012 年 9 月第 1 次印刷	
开 本	850×1168 1/32 开	
字 数	191 千	
印 张	8	
书 号	ISBN 978-7-5023-7259-0	
定 价	18.00 元	

编 委 会

　　獭兔是典型的皮肉兼用兔,生产方向以皮用为主,兼用其肉。因其毛皮酷似水獭,故通称为"獭兔"。獭兔皮是珍贵毛皮制裘料,具有平整短密、轻柔光亮、天然色彩、不易掉毛的特点,符合当今国际裘皮市场崇尚自然、讲究色型的需要,制成翻毛大衣、童装、披肩、围巾、帽子以及作服饰镶边,轻盈美观,十分畅销。其肉具有"四高"(高蛋白、高赖氨酸、高烟酸、高消化率)、"三低"(低脂肪、低胆固醇、低热量)特点,被专家列为美容、益智、增寿的最佳保健动物肉食品,符合当今社会肉食品消费潮流。

　　獭兔具有繁殖率高、饲养周期短、饲料转化率高、耐粗饲等特点,适合我国人多地少的国情。但目前我国獭兔养殖普遍存在缺乏科学的饲养管理技术、乱交滥配、轻培育重数量等不良现象,造成品种退化严重、综合开发利用差等问题,严重影响了獭兔养殖经济效益,阻碍了獭兔产业的发展。为了将獭兔养殖中较先进的技术、科学的养殖方法介绍给獭兔养殖者,使他们能快捷、熟练地掌握科学高效的饲养技术,笔者组织了具有丰富专业知识的专业人士,并借鉴了国内外同行和生产一线人员的先进成果,编写了本书。

　　本书在编写过程中参考了大量相关文献资料,在此对参考资料的原作者表示衷心的感谢。但因编者水平所限,加之时间仓促,如有不当之处,敬请读者批评指正。

编　者

1

第一章 养殖獭兔前需要了解的相关问题

一、獭兔的品种特征问题

1. 什么是獭兔

獭兔又称力克斯兔,原产于法国,是一种典型的皮肉兼用兔,因其毛皮可与水獭相媲美而得名。该兔被毛短密,绒面平整如刀切,毛纤维极细且光亮如丝,枪毛很少或不含枪毛,触感柔软细腻,毛皮弹性极好,不掉毛,不褪色,保温性好,是制作裘皮的优质原料。

獭兔的皮毛色彩繁多,有纯白色、乳白色、蓝色、棕色、蓝灰色、青紫蓝色、黑色、红棕色、黑貂色、巧克力色、海豹色、猞猁色、碎花色等20余种。

我国獭兔养殖在20世纪90年代以后,逐步步入商品生产轨道,我国一些企业相继从美国、德国和法国等引种,并利用这些遗传资源,进行獭兔品系的选育,使质量逐步提高,数量大幅度增加。值得一提的是,随着我国兔皮加工业的兴起,改变了以往以原皮出口为主的格局,不仅可以通过加工增值增效,而且完成了产业链条中重要的一环。目前我国是世界上獭兔养殖数量最多、皮张加工最多、产品出口最多的国家。

2. 我国獭兔品系特点有哪些

我国獭兔血统主要来源于美国、德国和法国,习惯上称作美系、德系和法系。原则上讲他们是同一品种的不同品群,由于培育条件和方向不同,这三个品系各具特色。

(1)美系獭兔:头小嘴尖,眼大而圆,耳中等长、直立,转动灵活;颈部稍长,肉髯明显;胸部较窄,腹腔发达,背腰略呈弓形,臀部发达,肌肉丰满。在良好饲养条件下,4月龄时体重可达2.5千克。成年兔体重3.6千克左右,体长在39.5厘米左右,胸围37厘米左右。我国引进的以白色为主。

优点:适应性好、繁殖力强、换毛速度快。

缺点:体重较小、群体参差不齐、被毛过短。

(2)法系獭兔:体型较大,胸宽深,背宽平,四肢粗壮;头圆颈粗,嘴巴平齐,无明显肉髯;耳朵短,耳壳厚,呈"V"形上举;眉须弯曲,被毛浓密平齐,分布较均匀,粗毛比例小,毛纤维长度1.6～1.8厘米;生长发育快、体型大,是法系獭兔的主要特点。一般出生100天左右体重达到2.5千克,150日龄平均体重达到3.8千克。成年兔体重4～5千克以上,体长56～68厘米,胸围40厘米左右。

优点:体型好、生长快,饲料报酬高,母獭兔的泌乳量大、母性好、护仔能力强。

缺点:粗毛比例过小,皮张耐磨性稍差。

(3)德系獭兔:体大粗重,头方嘴圆,尤其是公兔更加明显。耳厚而大,四肢粗壮有力,全身结构匀称。被毛丰厚、平整、弹性好,遗传性稳定。成年兔体重平均为4.08千克,体长41.67厘米,胸围38.9厘米。

优点:体型大、生长速度快、皮毛质量高,作为父本与美系杂交效果好。

缺点:产仔数少,适应性差,换毛速度过慢。

对于饲养者来讲,由于獭兔贵在皮毛,因此,没有必要强求是哪个品系,只要体型较大(成年体重在4千克左右),被毛密度较高而平齐,粗毛率较低,繁殖力较高,生长速度较快,换毛速度快,遗传性能稳定,适应性和抗病力强,就是好獭兔。

3. 獭兔的毛皮特点有哪些

獭兔是典型的皮肉兼用兔,生产方向是以皮为主,兼用其肉,其被毛特点可用"短、平、密、细、美、牢"六个字来概括,制成裘皮服装后轻柔、美观,深受广大消费者的青睐。

(1)短:指毛纤维的长度短。獭兔毛的长度为 1.3～2.2 厘米,最理想的长度为 1.6 厘米左右。而一般家兔毛纤维长 2.5～3.0 厘米,长毛兔纤维长 6～10 厘米。

(2)平:指獭兔整个被毛,无论是绒毛,还是枪毛,长度基本一致。因此,被毛非常平整,如刀切剪修一般。如果枪毛含量较高而突出被毛表面,则为品种退化的标志。

(3)密:指单位皮肤表面的毛纤维根数多,被毛非常浓密。据测定,普通家兔每平方厘米皮肤面积内着生的毛纤维根数为11 000～15 000 根,长毛兔为 12 000～13 000 根,而獭兔为 16 000～38 000根。

(4)细:指毛纤维横断面直径小,枪毛含量少,为 4%～7%,甚至没有;绒毛含量多,为 93%～96%,绒毛的细度平均为 16～19 微米。实践证明,毛皮中枪毛含量除受遗传因素影响外,主要是受外界环境和饲养管理条件的影响,如果忽视选育和饲养管理条件不良,均会引起品种退化,枪毛含量增加。

(5)美:指獭兔被毛颜色很多,色调美观,而且毛色纯正,色泽光润,手感柔软而富有弹性,外观绚丽多彩。

(6)牢:指被毛纤维在皮肤上面附着结实牢固,不容易脱落。

4. 獭兔有哪些色型

獭兔的色型是区别不同品系的重要标志,也是鉴别毛色纯正度和商品价值的重要指标之一。獭兔的色型以白色、黑色、红色、青紫蓝色和加利福尼亚色较为流行。

(1)白色獭兔:全身被毛洁白,富有光泽,没有任何污点或杂色毛,是毛皮工业中最受欢迎、最有价值的毛色类型之一。目前所见的白色獭兔均为白化体,即眼睛呈粉红色,爪为白或玉色。被毛带污色、锈色或黄色,或带有其他杂毛者,都属于缺陷。

(2)黑色獭兔:全身被毛纯黑,柔软绒密,每根毛纤维自基部至毛尖均呈炭黑色,且富有光泽,既不呈褐色,也不带锈色,是毛皮工业中较受欢迎的毛色类型之一。眼睛呈黑褐色,爪为暗。被毛带褐色、棕色、锈色、白色斑点或杂毛者,均属缺陷。

(3)加利福尼亚獭兔:全身被毛除鼻端、两耳、四肢下部及尾为黑色外,其余部位均为纯白色,即一般所称的"八点黑"。黑白界限明显,色泽协调而布局匀称,毛绒厚密而柔软。眼睛呈粉红色;爪为暗色。鼻端、两耳、四肢及尾部无典型黑色毛或黑毛中掺有白色斑点或杂色者,均属缺陷。

(4)红色獭兔:全身被毛为深红色,一般背部颜色略深于体侧部,腹部毛色较浅。最为理想的被毛颜色为暗红色,是毛皮工业中较受欢迎的毛色类型之一。眼睛呈褐色或榛子色,爪为暗色。腹部毛色过浅或有锈色、杂色与带白斑者,均属缺陷。

(5)蓝色獭兔:全身被毛为纯蓝色,柔软似绒,自基部至毛尖色泽纯一,为最早育成的獭兔色型之一,是各类獭兔中毛绒最柔软的一种,属毛皮工业中较受欢迎的毛色类型之一。眼睛呈蓝色,爪为暗色。被毛带霜色、锈色、白色、杂色或带白色斑点者,均属缺陷。

(6)青紫蓝獭兔:全身被毛基部为瓦蓝色,中段为珍珠灰色,毛尖部为黑色。颈部毛色略浅于体侧部,背部毛色较深;腹部毛色呈浅蓝或白色。眼睛呈棕色、蓝色或灰色,眼圈线条清晰,有浅珍珠灰色狭带,爪为暗色。被毛带锈色或淡黄色;白色或胡椒色,毛尖部毛色过深或四肢带斑纹者,均属缺陷。

(7)海狸色獭兔:全身被毛呈红棕色,背部,毛色较深,体侧部颜色较浅,腹部为淡黄色或白色。毛纤维的基部为瓦蓝色,中段呈深橙或黑褐色,毛尖部略带黑色,这是最早育成的獭兔色型之一,被毛绒密柔软,深受消费者欢迎。眼睛呈棕色;爪为暗色,被毛呈灰色,毛尖过黑或带白色、胡椒色,前肢有杂色斑纹者,均属缺陷。

(8)蛋白石獭兔:全身被毛呈蛋白石色,毛纤维的基部为深瓦蓝色,中段为金褐色,毛尖部呈紫蓝色。背部毛色较深,腹部毛色较浅,多呈棕色或白色,体侧部的毛色显示出美丽的金黄色或金褐色。眼睛是蓝色或砖灰色,爪为暗。被毛呈锈色或混有白色、杂色斑点,毛尖部或底毛颜色过浅者,均属缺陷。

(9)花色獭兔:这类獭兔的被毛色泽可分为两种情况。一种是全身被毛以白色为主,杂有一种其他不同颜色的斑点,最典型的标志是背部有一条较宽的有色背线,面部有有色嘴环、有色眼圈和体侧有对称的斑点,颜色有黑色、蓝色、海狸色、猞猁色、紫貂色、海豹色、青紫蓝色、巧克力色、蛋白石色等。另一种是全身被毛以白色为主,同时杂有两种其他不同颜色的斑点,颜色有深黑色和橘黄色、紫蓝色和淡黄色、巧克力色和橘黄色、浅灰色和淡黄色等。花斑主要分布于背部、体侧和臀部,鼻端有蝴蝶状色斑。眼睛颜色与花斑色泽一致,爪为暗色。花色斑兔又称花斑兔、碎花兔或宝石花兔。花斑表现有一定的规律,呈一定的典型图案,两耳毛色相同,鼻部有花斑,背部、体侧、臀部均带有花斑,花斑面积一般占全身的10%~50%。

(10)巧克力色獭兔:巧克力色獭兔其背部被毛为巧克力样的栗色,两侧稍浅,腹下白色。凡被毛带锈色或出现褐色与变黑现象,或被毛带有白斑,枪毛为白色者,均属缺陷。

(11)海豹色獭兔:全身被毛呈黑色或深褐色,因类似海豹色泽而得名。体侧、胸腹部毛色较浅,毛尖部略呈灰白色,体躯主要部位毛纤维色泽一致,从基部至毛尖均为墨黑色,从颈部至尾部均为暗黑色。眼睛为暗黑或棕黑色,爪为暗色。被毛呈锈色或褐色,毛纤维自基部至毛尖部颜色深浅不一或带有杂色者,均属缺陷。

(12)紫貂色獭兔:背部被毛为黑褐色,腹部、四肢呈栗褐色,颈、耳、足等部位为深褐色或黑褐色,胸部与两侧毛色相似,多呈紫褐色。眼睛为深褐色,在暗处可见红宝石色的闪光,爪为暗色,是目前毛皮工业较受欢迎的毛色之一。被毛呈锈色或带有污点、白斑及其他杂色毛或带色条者均属缺陷。

(13)山猫色獭兔:又称猞猁色獭兔。全身被毛色泽与山猫颜色相似,毛基部为白色,中段为金黄色,毛尖部略带淡紫色,是目前毛皮工业中最富吸引力的毛色之一。毛绒柔软,带有银灰色光泽,腹部毛色较浅或略呈白色。眼睛为淡褐色或棕灰色,爪为暗色。毛根或毛尖部呈蓝色,或与白色、橙色混杂,或带斑纹者,均属缺陷。

(14)水獭色獭兔:这是新近育成、较受毛皮工业界欢迎的一种毛色。全身被毛呈深棕色,颈、胸部毛色较浅,略带深灰色,腹部毛色多呈浅棕色或略带乳黄色。被毛绒密,富有光泽。眼睛为深棕色,爪为暗色。被毛呈锈色或暗褐色,体躯主要部位带白斑、污点或其他杂色者,均属缺陷。其他颜色的獭兔还有米色、奶油色、橙色、银灰色、烟灰色和钢灰色等。

二、獭兔生物学特性问题

1. 养殖獭兔需要什么样的环境条件

环境因素对獭兔的影响比较大,影响獭兔生产的环境因素主要有舍内的空气、温度、湿度、气流、有害气体含量、粉尘、光照及噪音、病原微生物的污染等。

(1)温度和湿度对獭兔的影响大:兔全身被毛浓密,只在鼻端有汗腺,以呼吸散热来维持其体温的平衡。当舍内温度超过30℃,仔兔成活率降低,胚胎死亡率增高,公兔精液质量下降,配怀率下降;兔子食欲减退,生长缓慢,皮张质量受到影响。如果室温持续在35℃以上,兔子体温会迅速增高,出现中暑甚至死亡。但若室温低于5℃,对獭兔的繁殖,尤其是仔、幼兔的培育带来不利,甚至被冻死;成年兔饲料消耗增加,效益下降。

舍内空气湿度过大,环境潮湿污浊,不仅容易诱发多种疾病,还会加大高温和低温对大小兔带来的危害性。但湿度太小,过于干燥,对獭兔的皮毛也会造成不良影响。

(2)光照:光照对獭兔的生理机能有着重要的调节作用,适宜的光照有助于提高獭兔的新陈代谢,增进食欲,促进钙、磷代谢等作用;光照还具有杀菌,保持兔舍干燥,有助于预防疾病等作用。据生产实践经验,光照对生长兔的日增重和饲料报酬影响很小,但对繁殖兔的影响比较大。繁殖母獭兔每日光照14～16小时,有利于正常发情、妊娠和分娩。种公獭兔稍短,每日光照8～12小时为佳,过长时间的光照会引起繁殖力降低。仔兔、幼兔需要光照较少,尤其仔兔一般约8小时弱光即可。

(3)有害气体和粉尘对獭兔的害处:兔舍内的有害气体,主要是氨气、硫化氢和二氧化碳。粉尘主要来自舍内外的灰尘和直接采食的粉碎性饲料。空气中有害气体和粉尘含量过高,都会对兔的鼻黏膜、眼黏膜产生强的刺激,极易引发兔鼻炎、眼结膜炎等疾病,对成年家兔造成严重危害。

(4)噪声:噪声是重要的环境因素之一。据试验,突然的噪声可导致妊娠母獭兔流产,哺乳母獭兔拒绝哺乳,甚至残食仔兔等严重后果。为了减少噪声,兴建兔舍一定要远离高噪音区,如公路、铁路、工矿企业等,尽可能避免外界噪声的干扰;饲养管理操作要轻、稳,尽量保持兔舍的安静。

2.獭兔有哪些生活习性

獭兔与其他家兔生活习性相似,但具有自己的独特习性。要想养好獭兔,就得了解这些习性。

(1)喜欢穴居:獭兔有打洞穴居的习性,所以在建筑兔舍、选择饲养方式时,应考虑这一特性,防止獭兔到处打洞穴居、繁殖、逃跑等。

在自然条件下,兔打洞穴居,便于隐藏自身,免遭敌害。在舍饲条件下,兔子暴露于地面,容易受各种敌害的损伤。因此,在日常饲养管理中要注意防止敌害,特别要做好仔兔的保护工作。

(2)嗜眠性:獭兔与其他家兔相比,在一定的条件下更容易进入困倦或睡眠状态,特别是日间表现非常安静,除少量采食、饮水外,常呈静伏、闭目养神甚至睡眠状态,这种习性称为嗜眠性。在饲养管理工作中必须考虑到这一特点,合理安排饲养日程,除喂养和日常管理工作外,兔舍环境应尽量保持安静,以利休息。

(3)夜食性:据观察,獭兔与其他家兔相似,具有昼静夜动的习性,即白天表现得非常安静,夜间则活动、采食、饮水频繁。据测定,獭兔夜间采食量约占全天总采食量的 60% 左右。在饲养管理中必须考虑这一特性,合理安排饲养日程,夜间应添足草、料、水,尤其在炎热的夏天,更要加强夜饲。大型兔场最好实行夜间值班制;家庭小规模养兔,只要在夜间添加草、料、水即可。

(4)胆小怕惊:兔子是弱小动物,胆子很小。突然的惊吓和强烈的噪音,轻者引起兔子紧张不安,食欲减退;怀孕母獭兔流产,母獭兔拒绝喂奶,甚至咬死仔兔,重者还会导致突然死亡。由此看出,保持兔舍的安静十分重要。首先,兔舍不应建在噪音大的地方,禁止在兔舍附近燃放烟花爆竹,禁止非饲养人员或其他畜禽随便进入兔舍。其次,要求兔场的饲养管理人员,除进兔舍喂料、加水、配种、扫除等动作要轻捷外,应避免在舍内大声喧哗或使笼具突然发出大的声响。

(5)喜干爱洁:獭兔与其他家兔相似,喜爱清洁干燥的生活环境。实践证明,清洁干燥的环境条件能保证獭兔的健康,正常地生长发育和繁殖后代,而潮湿污秽的环境往往会招致传染病和寄生虫病的蔓延,因为潮湿污秽环境是传染病和寄生虫病病原孳生的有利条件。獭兔的抗病能力较差,患病后一般较难治疗,往往会给饲养者带来很大的损失。所以,根据獭兔的这一习性,在日常饲养

8

管理工作中,必须保持笼舍环境的清洁干燥。

(6)耐寒怕热:兔子被毛浓密,汗腺不发达,抗寒能力较强,而耐热能力很差,最适宜的温度是 15～25℃。如果高于 30℃,兔子则会心跳加快,呼吸频率增加,食欲减退,繁殖能力降低。在长期高温的情况下,不仅兔子的生长、发育和繁殖能力都显著下降,并且常常发生中暑甚至死亡。相反,当外界温度降低时,獭兔减少散热或增加产热,以调节和维持正常体温。兔子被毛密,抗寒能力比较强,但低温对兔也有不良影响,特别是仔兔和幼兔体温调节能力差,既怕热又怕冷,冬季如保温不好,常常造成仔兔死亡。所以在管理上,一定要做好夏季防暑、冬季保温工作。

(7)群居性差:成年公獭兔与母獭兔混合放在一起饲养,经常发生争斗咬伤,一般很难平息,甚至咬死。在日常饲养管理中,性成熟前的幼兔可以混养,待性成熟前,应当把公兔和母兔分开饲养,到成年时要一兔一笼。

(8)嗅觉发达,视觉差:獭兔的嗅觉和味觉都很发达,常以其敏锐的嗅觉选择喜爱吃的食物,尤喜吃甜食。

獭兔的视觉能力很差,看不清颜色,主要靠听觉和嗅觉。在日常饲养管理中,寄养仔兔可以用保姆兔的乳汁或尿液在待哺的仔兔身上涂抹,使母獭兔嗅不到异味后就可接受哺乳了。

(9)顿足动作:獭兔当遇到惊吓或敌害时,一边跑一边用后脚用力拍打踏板或笼底,用响亮的顿足声来吓唬敌人。另外,母兔发情、公兔配种射精后,也发出顿足动作。这一习性易造成后脚机械损伤,因此,在日常饲养管理中,应注意保持踏板、地面平整,消除铁钉、玻璃碴子等锐利物,以防踏破后脚后感染而发生脚皮炎等。

(10)啃咬行为:獭兔门齿终生生长。为了磨损不断生长的牙齿,使牙齿保持适当长度,獭兔善于啃咬较坚硬的物品。生产中发现,如饲料中粗纤维不足或硬度不够,牙齿得不到磨损时,獭兔便寻找笼门、踏板、产箱,甚至食盆、水槽啃咬,使之受到破坏。为了防止獭兔乱啃乱咬,除建造兔笼和选用用具时应注意其坚固性和耐用性、饲喂颗粒料外,平时在兔笼内投放一些短树枝或硬干草等,任其自由啃咬、磨牙,既照顾了兔的习性,又可减少兔笼的损坏。如果有个别獭兔门牙生长过快,影响采食时,可用剪树枝的树剪将长出的牙剪平;磨一下即可。

(11)抗逆性差:獭兔对温、湿度变化较敏感,体温不如其他家畜稳定。兔的呼吸还受其他环境条件的影响,如在黑暗中或饥饿时,呼吸也会减弱。受惊或剧烈活动后,呼吸和脉搏会加快。可见,兔子的抗逆性较差,容易死亡,尤其是断奶前的仔兔死亡率更高。因此,对獭兔的饲养管理要特别精细周到。

3. 獭兔有哪些采食习性

獭兔是单胃草食动物,以采食草料为主,并具有适应采食草料消化器官的特点。

(1)草食性或素食性:獭兔是草食性动物,喜食植物性饲料,如植物的叶、茎、块根和种子等,对动物性饲料多不感兴趣。若饲喂精料过多,反而使体重下降,甚至患腹泻而死亡。

(2)挑食性或扒食性:獭兔在自由采食时,对某些饲料、某种方式更为偏爱。比如,对豆科饲草比禾本科偏爱;对鲜草比干草偏爱;对甜味饲料比苦味饲料偏爱。据观察,兔对精饲料的喜食顺序依次为燕麦、大麦、小麦、玉米(但玉米过多极易引起腹泻)。对饲草的喜食依次为三叶草、苜蓿、油菜、青刈玉米、饲用甜菜叶,因此在养兔时,应因地制宜地加以选择和搭配。

在人工养殖条件下,一切饲料靠人工配制提供,獭兔失去了自由选择饲料的机会。但若混合饲料搅拌不匀,或粉碎的粒度过大,也往往造成其挑食,用前爪在饲槽里扒来扒去,将饲料扒出槽外,造成浪费。当饲料发霉变质或出现异味时,也容易引起扒食。为了防止獭兔扒食、挑食,混合饲料要充分拌匀并制成颗粒饲料,可有效地防止挑食。当用多汁饲料切丝喂兔时,不宜与粉料拌在一起,以防其挑食多汁料而把其他饲料扒出。

（3）食粪性或夜食性：獭兔在正常情况下排出两种粪便。一种是软粪,在夜间排出,呈小颗粒、软团状。据测定,排出的软粪量约占全天总排粪量的45%～60%。软粪中所含的粗蛋白质和水溶性维生素均高于硬粪；另一种是硬粪,在白天排出,呈大颗粒、硬粒状。

据观察,獭兔从采食开始就有食粪行为。一般情况下都是口对着肛门,边排边吃,并有咀嚼动作。獭兔食粪的行为,可使饲料中营养物质得到进一步的消化和吸收,可以提高饲料的利用率。食粪是獭兔的正常行为,突然停止食粪,应视为患病的前兆。

4. 獭兔有哪些生长特性

獭兔的生长发育过程可分为胎儿期、哺乳期和断奶后期三个阶段。

（1）胚胎期：胚胎期是指母獭兔妊娠到仔兔出生这一时期,此期仔兔在妊娠后期生长发育最快,胎儿的生长速度不受性别的影响,但母獭兔的营养水平、仔兔数及其在子宫内的排列位置对其生长发育影响较大。母獭兔的营养水平高,则仔兔发育快；仔兔数量多,则发育慢；位于卵巢附近的仔兔发育快于远离卵巢的仔兔。

（2）哺乳期：从仔兔出生到断奶这段时间称为哺乳期。哺乳期仔兔的生长发育很快,在母兔泌乳正常的情况下,1周龄时可从初生的50克左右增长到100克左右,3～8周龄期间每天可增重30～50克,4周龄时其体重约为成年体重的12%,8周龄时则可达到成年体重的40%,8周龄后生长速度迅速下降。另外,据观察8周龄前的仔兔,公兔的生长速度略快于母兔,8周龄后则母兔要比公兔长得快。

据试验,獭兔在哺乳期的生长发育主要受母兔的泌乳性能及窝仔数的影响。一般母獭兔泌乳力越强,则仔兔体重越大,窝仔数少,则仔兔生长较快,个体重也大；窝仔数多,生长发育较慢,个体重亦小。生后最初几周,仔兔的生长潜力很大,如能供给双份乳汁,生长速度就会大大加快,这说明仔兔生长潜力的发挥与母獭兔体况、泌乳量多少相关。哺乳量和断奶重将影响獭兔一生的生长速度。

(3)断奶后期:幼兔断奶后的增重速度主要受遗传因素和环境因素(饲料、管理、自然条件等)的影响。一般规律是前期生长快,后期慢。据报道,在正常生长发育情况下,3月龄内的日增重可达25～30克,3～5月龄的日增重可达20～25克。

5. 獭兔有哪些繁殖特点

獭兔的繁殖过程与其他家畜基本相似,但也有其独特之处。不了解这些生殖特性,就不能很好地掌握獭兔的繁殖规律。

(1)繁殖力强:獭兔性成熟早,妊娠期短,世代间隔短,一年四季均可繁殖,窝产仔数多。一般生后5～6个月就可配种,妊娠期30天。在集约化生产条件下,每只繁殖母獭兔年可产8～9窝,每窝可成活6～7只,一年内可育成50余只仔兔,若培育种兔,每年可繁殖4～5胎,获得25～30只种兔,这是其他家畜不能相比的。

(2)刺激排卵动物:刺激排卵是兔繁殖的共同特点。卵巢中发育成熟的卵子,必须经公兔交配或注射性激素后方能排出来,未经交配或其他性刺激,则成熟卵子不会自动排出。在实际生产中,人们常常利用獭兔这一特性,采用强制交配方法,使母兔受胎正常产仔。

(3)不存在规律性的发情周期:獭兔发情没有明显的季节性,并且很不规律。据观察,由于季节不同,不但发情周期长短不一,而且发情特征也有明显不同,一般秋、冬季发情周期较长,持续时间较短,母兔阴户红肿不明显。

实际上,在正常情况下,母獭兔的卵巢内经常有许多处于不同发育阶段的卵泡,在前一发育阶段的卵泡尚未完全退化时,后一发育阶段的卵泡又接着发育,而在前后两批卵泡的交替发育中,体内的雌激素水平有高有低。因此,母獭兔的发情征状就有明显与不明显之分。但是,母獭兔不表现发情征状的时期,与自发排卵家畜的休情期完全不同,因为没有发情征状的母兔,其卵巢内仍有处于发育过程中的卵泡存在,此时若进行强制性配种,母獭兔仍有受胎的可能。这一特点,对畜牧业生产是极其有益的,人们可以据此安排生产。这对于现代化的畜牧生产来说,獭兔的这一特性更为宝贵。

(4)假妊娠的比例高:母獭兔经诱导刺激排卵后并没有受精,但形成的黄体开始分泌孕酮,刺激生殖系统的其他部分,使乳腺激活,子宫增大,状似妊娠但没有胎儿,此种现象称为假妊娠。假妊娠的比率高是獭兔生殖生理方面的一个重要特点,管理不好的兔群假妊娠的比率高达30%。假妊娠的表现与真妊娠一样,如不接受公兔交配,乳腺有一定程度的发育。如果是正常妊娠,妊娠第16天后黄体得到胎盘分泌的激素而继续存在下去。而假妊娠时,由于母体没有胎盘,妊娠16天后黄体退化,于是母獭兔表现临产行为,衔草、拉毛做巢,甚至乳腺分泌出一点乳汁。假妊娠的持续期为16~18天,假妊娠过后立即配种极易受胎。一般不育公兔的性刺激、母兔群养和仔兔断奶晚,是引起假妊娠的主要原因。生产中常用复配的方法防止假妊娠。

(5)兔是双子宫动物:母兔生殖器官的特点是具有完全分开的两个子宫,为双子宫型。左右两个子宫颈口分别开口于阴道。由于兔的这一特点,人工授精时,输精管不宜插的过深,以免只插入一侧子宫颈,致使只有这一侧子宫妊娠而另一侧子宫空怀,从而大大降低产仔数。

(6)獭兔的卵子大:獭兔的卵子,是目前已知哺乳动物中最大的卵子,直径为160微米。同时,它也是发育最快,在卵裂阶段最容易在体外培养的哺乳动物卵子。因此,獭兔亦是很好的实验材料,被广泛用于生物学、遗传学等科学研究上。

三、养獭兔要做的相关准备问题

1. 首次养獭兔者应做好哪些准备

（1）养兔场舍的准备：良好的兔舍是搞好兔生产的重要物质基础，新建兔舍，应根据建场要求准备好养殖场地、兔舍。

（2）养兔笼具的准备：市场有塑料、铁丝网组合式兔笼购买。自制兔笼一般应当造价低、经久耐用、便于操作和洗刷，并符合獭兔的生理要求。

（3）养兔技术的准备：提高獭兔的繁殖率、成活率、级品率，是保证养兔成功的关键，这就要提前解决养兔技术的人才问题，是外聘，还是自己学习，还要购买养兔方面的专业性书籍进行学习，也可上网查看，不断提高、丰富养殖技术。

（4）养兔饲料的准备：兔是食草性动物，主要是植物饲料，如青绿饲料、干草，还有麦麸、大麦、豆饼等，如大规模养殖獭兔，首先要考虑饲料草的问题，还要考虑购买粉碎机、颗粒机，因为自制全价、颗粒饲料，有利于提高养兔效益。

（5）养兔防疫的准备：兔病是养兔生产的大敌，若饲养管理不当，或遇兔病流行，则会发生成群成批地死亡，在饲养前要注意做好养兔防疫知识、注意防疫管理。

（6）养兔引种的准备：引种前要全面、多方位了解獭兔供种货源，掌握选择种獭兔的基本知识，要坚持到有种苗经营资格单位购买的原则、坚持比质比价比服务的原则、坚持就近购买的原则，把好种兔的质量关。

（7）资金准备：养殖獭兔投入的资金可多可少，可根据自身的财力，自己想投入多少，想建设多大的规模来决定。如果全是重新建场修建,把建场费、兔舍房屋修建费、兔笼费一起加上,一个兔笼可能要计划 40～50 元,再有就是种獭兔(根据当地价格,本处按 200 元/只计)的价格和饲料费用。在流动资金中,饲料费要占总费用的 70%左右,其他的还要加上水电费、人员工资等。养殖户可以根据以上各项目的资金,根据场的大小,一个场的大概费用要投入多少就可以算出来了。

如以 100 只基础母獭兔的繁殖场为例(兔场的规模主要以繁殖母獭兔的数量为标准):100 只母獭兔每年能出栏商品獭兔 3200 余只(每只母獭兔以 6 胎/年、7 只/胎、出栏率 85%、配怀率 90% 计),公母比例为 1∶8,公兔为 13 只。以长×宽为 60 厘米×60 厘米,修三层的背靠背兔笼为标准修建,每一只母獭兔需 3 个笼位,1 个为该母獭兔笼位,2 个为其所生仔兔笼位,每只母獭兔所需修筑面积为 0.3 平方米,再适当考虑一点饲料道、粪沟的面积以及补饲箱、产仔箱堆放等所需的面积。如一面积为 20 米×5 米=100 平方米的房屋,若全部修成兔笼,则可修 14 列 3 层兔笼,每列为 24 个笼位,共 336 个笼位;若考虑辅助设施所需面积,则可修建兔笼 300 个笼位。共需投入的资金为大约在 10 000 元,种兔费 20 000 元左右,还有饲料费。另外,还要须考虑饲料车间、库房、宿舍、办公室以及种草等所需土地。

2. 首次养獭兔应注意的问题

(1)要掌握养兔的基本知识和市场行情:养兔也是一门科学,农户从事养兔要掌握养兔的基本知识,如品种、饲料、兔舍和兔笼的建造等。在市场经济条件下经营什么项目都要根据市场行情来决策,准备养獭兔就要选读几本养獭兔书籍。还可以根据自己条件和需要,参加有关培训班或到有关兔场及市场参观考察、上网学习。

（2）在养兔规划实施前就要筹备兔舍和饲料：首先是兔场选址特别重要，环境条件直接关系到兔群健康繁殖与生长发育。养殖者除了推广配合饲料养兔外，还可以因地制宜种草养兔。

（3）养兔规模：实行獭兔的集约化生产，实际问题较多，大企业规模大、各种费用相对较高，经营难度大。而中小型养殖者相对灵活一些，抗风险能力要比大型企业稍强一些，生存下来比较容易，中小型养殖者仍将是今后獭兔养殖的主流。因此首次养殖獭兔者，小型兔场以养基础母兔30～50只为宜，中型兔场300～500只为好，大型兔场可养基础母兔1000只以上；如养商品兔，数量可以再增加。规模效益是要考虑的，但不能脱离自身条件，盲目追求办大型兔场。

（4）发挥良种优势，提高养兔效益：眼下由于獭兔市场前景看好，引发了全国养獭兔的热潮，各地炒种者乘机而入，为此，有必要给獭兔引种者提个醒，擦亮眼睛，辨别真伪。

（5）广辟饲料来源，降低养兔成本：农户养兔要改变过去那种全部喂草的方法，有什么喂什么，造成饲料单一，生长发育较差，生产性能降低，经济效益不高。要充分利用当地农副产品资源，例如花生秧、红薯藤、玉米秆等，采用混合料喂兔子。并根据不同时期的需要，适时搜集对獭兔有保健作用的车前草、鱼腥草、蒲公英、艾叶、大蒜茎等具有中草药作用的植物制成饲料添加剂，定期加入饲料中喂兔子，以增强兔体抵抗能力，减少疫病的发生，使养兔成本降低。

（6）养殖者应有正常的心态：经营兔业，应持微利思想，"一夜暴富"是不现实的，因为养殖收益要减去成本开支才是纯利润。经营商品兔本来利润就小，还有兔病以外损失风险，所以只有脚踏实地、勤劳吃苦、靠规模养殖才能取得高效益。同时，养殖者要增强市场意识,不要被一些假象所迷惑,更不能跟风养殖。另外,养殖者要增强质量意识,养兔不仅是给兔创造良好的兔舍生活环境,还要注意饲料卫生与营养,更要坚持选种选配,这样獭兔产品质量才有保证,优质才能卖高价。

(7)加强质量意识:从近几年的毛皮市场看,质量好的獭兔皮从来不愁卖,而且优质獭兔皮供不应求,低等獭兔皮无人问津。因此,养殖者养殖獭兔应以质量第一,要舍得饲料和品种的投入,多出质量好的獭兔皮,少出低等皮。

另外,要提醒一下新养殖户,对于獭兔养殖,这个行业有高峰和低谷,在高峰时不要蜂拥而上,低谷时也不要杀兔倒笼,只要自己坚持,保证獭兔质量是最重要的。

第二章 獭兔养殖场舍及其相关
设备问题

一、场址选择与布局问题

1. 兔场如何选址

兔舍(包括兔笼)是兔活动、休息、生长、繁殖的场所,是兔生命活动的外界环境,建筑与设施安排得科学与否,直接影响兔的生产性能。

(1)地势:兔场场址应选在地势高、有适当坡度、背风向阳、地下水位低(2 米以下)、排水良好的地方。如在山区建场,应选择坡度小、比山底高一些的向阳坡。低洼、山谷、背阴地区不宜兴建养兔场。

(2)风向:兔场应位于居民区的下风方向,距离一般保持 200米以上,既要考虑有利于卫生防疫,又要防止兔场有害气体和污水对居民区的侵害。应当注意当地的主导风向,可根据当地的气象资料和风向来考虑。另外,也要注意当地环境引起的局部空气温差,如山谷风、河谷风等的影响,要注意避免把兔场设在形成空气涡流的地方。

(3)水、电:水不仅为维持兔生命所必需,而且也是日常饲养管理、清洁卫生、种植饲料以及饲养管理人员的生活所必需。因此,在选择场地时,对水源和水质都应重视。最好的水源是泉水、溪涧水、井水或城市中的自来水,其次是江河中流动的活水,使用池塘水时必须设沙缸过滤、澄清,并用 1%漂白粉液消毒后使用。

兔场应设在供电方便的地方,可经济合理地解决全场照明和

18

生产、生活用电。规模较大的兔场还应自备电源,以备停电就急之需。

(4)交通:场址应设在交通比较方便的地方,以便产品外销和其他物质的运输。但不能紧靠公路、铁路、屠宰场、牲畜市场、畜产品加工厂及牲畜来往频繁的道路、港口或车站。因为这些地方牲畜流动量大,容易传染疾病。一般要求兔场离交通主干线的距离不应少于300米,距离一般道路不少于200米。

2. 兔场如何布局

在兔场场址选定之后,特别是集约化兔场要根据兔群的组成,饲养工艺要求,喂料、清粪等生产流程,当地的地形、自然环境和交通运输条件等进行兔场总体布置。总体布置是否合理,对兔场基建投资,特别是对以后长期的经营费用影响极大,搞不好还会造成生产管理紊乱,兔场环境污染和人力、物力、财力的浪费。兔场总体布置与其他畜牧总体布置一样,都应设有分区、布局、朝向、间距、道路、流线等问题。

(1)兔场的分区与布局:在比较正规的大型兔场里,如集约化兔场应根据生产特点,分成几个区域进行布局。

①养兔区(生产区):养兔区是兔场的主要建筑区,应设在人流较少和兔场的上风方位。优良种公、母兔(核心兔群)舍,要放在僻静、环境最佳的上风方位;繁殖兔舍靠近育成兔舍,以方便兔群周转;幼兔舍靠近兔场出口处,方便出运兔苗。

②管理区:管理区设有管理生产必须的附属建筑,如饲料加工车间、饲料仓库、修理车间等。饲料加工车间要建立在兔场和兔舍之间的中心地带,一是方便饲料运送;二是可以缩短生产人员的往返路程。

③兽医隔离区:兔场规模大的,尤其是集约化兔场可设专门的兽医隔离区,包括兽医实验室、病兔隔离室、尸体处理处等。这些建筑都应设在下风方位,而且地势较低的地方,以免疾病影响

全场。

④生活区：生活区包括办公室、职工宿舍、食堂等，一般应单独设立，但要考虑照顾工作和生活方便，又要有一定距离与兔舍隔开。

（2）兔舍的朝向和间距：兔舍布置一般采取南北向，若夏季为南风，从单栋兔舍来看，南北向兔舍自然通风与采光条件均较好，兔舍长轴与风向垂直时，后排兔舍受到前排兔舍阻挡，通风效果较差。如果能使兔舍长轴与主导风向成 $30°\sim60°$ 的角度，兔舍间距可缩短至 $3\sim5$ 米。

（3）兔场的道路：兔场在总体布置中应将道路以最短路线合理安排，有利防疫，方便生产。饲料通道为洁道，清粪通道为污道，应尽量分开，避免交叉。工作人员出入场内生产区，道路应设最短路线。兔场道路出入口设消毒池，便于进出场内的车辆消毒。

一般场内设单车道，宽 $3\sim3.5$ 米，坡度不大于 10%。道路与道路相交，一般应为正交，若斜交时两路间夹角不能小于 $45°$。

二、兔场建筑问题

1. 建造兔舍有何要求

兔舍既是獭兔的生活空间，又是生产车间，因此，兔舍设计与建造，既要考虑獭兔的生活习性，又要考虑投入与产出比。

（1）兔舍设计应符合獭兔生活习性，有利于生长发育及生产性能的提高；便于饲养管理和提高工作效率；有利于清洁卫生，防止疫病传播。

（2）兔舍建筑材料，特别是兔笼材料要坚固耐用，防止被兔啃咬损坏；在建筑上应有防止獭兔打洞逃跑的措施。因此，在选择建筑材料时，既要就地取材，又要考虑坚固耐用。

（3）獭兔是一种很胆小、怕惊、几乎没有什么主动进攻能力的小动物,许多食肉动物都是兔的天敌。因此建兔舍应注意严密,有利于防兽害。

(4)要注意南方北方气候条件的差异,南方四季温差较小,但炎热、多雨,建舍要特别注意防暑防潮。而北方四季温差大,风多,建舍应注意防寒又防暑、防风。

(5)兔舍地面要求平整、坚实,能防潮,舍内地面要高于舍外地面20~25厘米,舍内走道两侧要有坡面,以免水及尿液滞留在走道上;室内墙壁、水泥预制板兔笼的内壁、承粪板的承粪面要求平整光滑,易于消除污垢,易于清洗消毒。

(6)兔舍窗户的采光面积为地面面积的15%,阳光的入射角度不低于25°~30°。兔舍门要求结实、保温、防兽害,门的大小以方便饲料车和清粪车的出入为宜。

(7)兔舍内要设置排水沟、排水管等。粪尿池应设在舍外5米远的地方,池口要高出地面10厘米,以防雨水流入,池壁用水泥抹严,不漏水,池口加盖。

(8)建兔舍应该力求平整光滑,容易消毒,且维修方便。兔舍的门应该开关方便,有利于操作;兔舍的走道一般不得少于1米宽,比较宽的走道有利于清扫和操作。有条件的地区和兔场可以考虑半机械化或机械化设施。

(9)保证舍内通风。我国南方炎热地区多采用自然通风,北方寒冷地区在冬季采用机械强制通风。自然通风适用于小规模养兔场,机械通风适用于集约化程度较高的大型养兔场。

(10)为了更好地消毒和防疫,在我国目前所建兔舍不应过大,如果在一个兔舍内养兔太多,一旦发病是难于控制的。目前推荐一栋兔舍最好不多于150个笼位。

2. 兔舍有哪些类型

我国幅员辽阔,各地气候条件千差万别,要求的兔舍形式和结构也不一样,但兔舍建筑的基本要求是一致的,要符合獭兔的生活习性,有利于獭兔的生长发育和毛皮品质的提高,有利于清洁卫生,预防疾病的传播,有利于饲养管理。

(1)封闭式:这种兔舍四周有墙无窗,舍内的通风、温度、湿度和光照完全靠相应的设备由人工控制或自动调节,并能自动喂料、饮水和清除粪便。这类兔舍的优点是生产水平和劳动效率较高,能获得高而稳定的繁殖性能、增重速度和控制饲料的消耗量,并且有利于防止各种疾病的传播。缺点是一次性投资较大,运行费用较高。主要应用于种兔饲养和集约化的商品獭兔生产。

(2)半开放式:一面或两面无墙,兔笼后壁相当于兔舍墙壁,根据兔笼排列又可分为单列式与双列式两种。

单列半开放式兔舍利用3个叠层兔笼的后壁作为北墙,南面有墙或设半墙,这种兔舍的优点是结构简单,造价低廉,通风良好,管理方便,冬季便于保温,夏季易于散热,有利于幼兔生长发育和防止疾病发生。缺点是舍饲密度较低,单笼造价较高。

双列半开放式兔舍中间为饲喂通道,通道两侧为相向的两排兔笼。兔舍的南墙和北墙即为兔笼的后壁,屋架直接搁在兔笼后壁上,墙外有清粪沟,屋顶为双坡式或钟楼式。这类兔舍的优点是单位面积内笼位数多,造价低廉,室内有害气体少,湿度低,管理方便,夏季能通风,冬季也较易保温。缺点是易遭兽害。这类兔舍利多于弊,特别适合于中小型养兔场和专业户采用。

(3)棚式兔舍:只有屋顶而四周无墙壁,棚下放置兔笼。其优点是结构简单,取材方便,投资少,通风好,光线充足,管理方便,特别适宜饲养青年兔、幼兔和商品兔。缺点是冬季保温困难,昼夜温差较大,无法防止雨雪的侵袭。

(4)室外笼养兔舍:兔舍兔笼相连一体,既是舍又是兔笼,要求既达到兔舍建筑的一般要求,又符合兔笼的设计要求。为适应露天的条件,基底要高,离地面至少30厘米(防潮防鼠),笼舍顶部防雨,前檐宜长,夏季防晒,四季防雨雪。

室外笼舍应在笼舍前边种上爬蔓的瓜类,以便夏季遮阳光,冬季也可在前檐处挂帘防寒。

三、兔舍常用设备及用具问题

1. 如何准备兔笼

兔笼是獭兔生产中不可缺少的重要设备,设计合理与否,直接影响着獭兔的健康和生产效益。

兔笼设计一般应造价低廉,经久耐用,便于操作管理,并且符合獭兔的生理要求。设计内容包括兔笼规格、结构及总体高度等。

(1)兔笼类型:根据我国目前的生产现状,兔笼形式主要有活动式、固定式和组装式三种。

①活动式兔笼:一般为竹、木或镀锌冷拔钢丝制成,根据构造特点又可分为单层活动式、双联单层活动式、单间重叠式、双联重叠式和室外单间活动式等多种。

这类兔笼的共同优点是移动方便,构造简单,造价低廉,操作方便,易保持兔笼清洁和控制疾病等。除室外单间活动式兔笼外,一般均适宜在室内笼养。

②固定式兔笼:一般为水泥预制件或砖木结构组建而成,根据构造特点又可分为室外简易兔笼、室内多层兔笼、立柱式双向兔笼和地面单层仔兔笼等。

◎室外简易兔笼:根据各地具体情况可建单层或多层。这种兔笼适宜于家庭养兔,在较干燥地区可用砖块或土坯砌墙,并用石灰刷墙。

◎室内多层兔笼:目前国内采用多为 3 层,每隔 2～3 笼设 1 根立柱,或用砖块砌成砖柱。依排列方式又可分单列和双列两种。双列式多层兔笼有的是背靠背的,粪沟设在两排兔笼的中间;有的是面对面的,粪沟设在各自的背面。实践证明,这类兔笼具有通风良好、占地面积小、管理方便等优点。

◎立柱式双向兔笼:这类兔笼由长臂立柱架和兔笼组成,一般为3层,所有兔笼都置于双向立柱架的长臂上。这类兔笼的特点是同一层兔笼的承粪板全部相连,中间无任何阻隔,便于清扫;清粪道设在兔笼前缘,容易清扫消毒,舍内臭味较小,饲养效果较好。

◎地面单层仔兔笼:这种仔兔笼多为砖混结构,紧靠兔舍一侧,笼底长 60～120 厘米,宽 60～70 厘米,高 60～80 厘米,无笼门,开口朝上。这类兔笼的优点是有利于保温及仔兔的生长发育和防兽害。缺点是清扫、更换垫草和给水、喂料均不方便。所以,目前笼底多为竹条或活动网板,定期清洗、消毒,笼顶用竹片或铁丝网覆盖。

③组装式兔笼:一般为金属或塑料等制成单体兔笼,再由金属支架连成一体,置放于兔舍地面上。若干单笼组合成一列兔笼,可重新拆装,但不能轻易搬迁。这类兔笼的优点是设计结构合理,占地面积较小,适宜于规模化、工厂化养兔场采用。缺点是一次投入较高,金属支架必须十分牢固坚实。

(2)兔笼规格:兔笼大小,应按不同獭兔的性别、年龄等不同而定。一般以种獭兔体长为尺度,笼长为体长的 1.5～2 倍,笼宽为体长的 1.3～1.5 倍,笼高为体长的 0.8～1.2 倍。大小应以保证獭兔能在笼内自由活动,便于操作管理、选材经济、质轻而坚固耐用为原则。种兔笼宜比商品兔笼适当大些,室内兔笼宜比室外兔笼略小些。一般公、母獭兔和后备种獭兔的笼宽为 70～75 厘米,笼深 65～70 厘米,前檐高 45～50 厘米,后檐高 35～40 厘米。

(3)兔笼结构:兔笼由笼体及附属设备组成,笼体由笼门、笼底(又称踏网、踏板、底板)、笼壁和承粪板组成。

①笼门:设在笼的前面,左右或上下开启,能防兽害、防啃咬,长度 30～40 厘米,高度与笼前网相等或稍低,可用镀锌冷拔钢丝等制成,一般以上下向内开启为宜。为提高工效,草架、食槽、饮水

器等均可挂在笼门上,以增加笼内实用面积,减少开笼门次数。

②笼底:笼底要求平而不滑,坚而不硬,易清理,耐腐蚀,能够及时排除粪便。笼底可用镀锌丝网,间隙以1.2厘米左右为宜(断乳后的幼獭兔笼1.0~1.1厘米,种獭兔1.2~1.3厘米)。若采用竹板条应四角刨平,不留钉头和毛刺,板条平行,每根竹条或木条宽2.5~3厘米,每根之间距离1~1.2厘米,便于漏粪尿,竹条方向应和笼门垂直,适应兔的生活习惯。

③笼壁:可用水泥板或砖、石等砌成或金属网制成(网眼直径1.8~2厘米),要求笼壁保持平滑,坚固防啃,以免损伤兔体。如用砖砌或水泥预制件,需预留承粪板和笼底板的搁肩(3~5厘米);如用金属网条,则以条宽1.5~3厘米,间距1.5~2厘米为宜。

④承粪板:承粪板选用石棉瓦、油毡纸、水泥板、玻璃钢、石板等材料制作,要求表面平滑,耐腐蚀,重量轻。在多层兔笼中,上层承粪板即为下层的笼顶。为避免上层兔笼的粪尿、冲刷污水溅污下层兔笼内,承粪板应向笼体前伸3~5厘米,后延5~10厘米,前后倾斜角度为10°~15°,以便粪尿经板面自动落入粪沟,并利于清扫。

重叠式和半阶梯式獭兔笼应设置承粪板,最低一层獭兔笼应距地面30厘米以上。承粪板的功能是承接獭兔排出的粪尿,以防污染下面的獭兔及笼具。安装承粪板应呈前高后低式倾斜,并且后边要超出下面獭兔笼8~15厘米,以便粪便顺利流出而不污染下面的笼具。

⑤笼顶:室外笼舍的笼顶应具有防雨、雪和保温防暑的作用,要求不透水,具有一定的坡度便于排水,隔热性好,出檐应尽量大一些,防止雨水淋到笼内,夏天防止太阳直射兔子。

⑥笼层高度:一般由3层组装排列而成。为便于操作管理和维修,兔笼以3层为宜,总高度应控制在2米以下。最底层兔笼的

离地高度应在 25 厘米以上,以利通风、防潮,使底层兔亦有较好的生活环境。

(4)构件材料:各地因生态条件、经济水平、养兔习惯及生产规模的不同,建造兔笼的构件材料亦各不相同。

①水泥预制件兔笼:规模化养殖多采用水泥预制件兔笼,这类兔笼的侧壁、后墙和承粪板都采用水泥预制件组装成,配以竹片笼底板和金属或木制笼门。主要优点是耐腐蚀,耐啃咬,适于多种消毒方法,坚固耐用,造价低廉。缺点是通风隔热性能较差,移动困难。

②砖、石制兔笼:采用砖、石、黄泥或石灰砌成,是室外养兔普遍采用的一种形式,起到了笼、舍结合的作用,一般建造 2～3 层。主要优点是取材方便,造价低廉,耐腐蚀,耐啃咬,防兽害,保温、隔热性较好。缺点是通风性能差,不易彻底消毒。

③金属网兔笼:一般采用镀锌冷拔钢丝焊接而成,适用于工厂化养兔和种兔生产。主要优点是通风透光,耐啃咬,易消毒,使用方便。缺点是容易锈蚀,造价较高,如无镀锌层其锈蚀更为严重,又易引起脚皮炎,只适宜于室内或比较温暖地区使用。

④全塑型兔笼:采用工程塑料零件组装而成,也可一次压模成型。主要优点是结构合理,拆装方便,便于清洗和消毒,耐腐蚀性能较好,脚皮炎发生率较低。缺点是造价较高;不耐啃咬,塑料容易老化。

2. 如何准备食槽

兔用食槽有很多种类型。有简易食槽,也有自动食槽。因制作材料的不同,又有竹制食槽、陶制食槽、水泥食槽、铁皮食槽、塑料食槽之分。配置何种食槽,主要根据兔笼形式而定。简易食槽,制作简单,成本低,适合盛放各种调制类型的饲料,但喂料时的工作量大,饲料容易被污染,也容易造成兔扒料浪费。自动食槽,容量较大,安置在兔笼前壁上,适合盛放颗粒饲料,从笼外添加饲料,喂料省时省力,饲料不容易被污染,浪费也少,但食槽制作较复杂,成本也比较高。

(1)竹制简易食槽:用粗竹筒劈成两半,除去节,两端分别钉在两块梯形木块上,使之不易翻倒。梯形木块上端宽10厘米左右,底边宽16厘米左右,高6厘米左右,食槽的长度可任意确定。

(2)陶制食槽:陶制食槽为圆形,食盆口径14厘米左右,底部直径17厘米左右,高5厘米左右,食槽剖面呈梯形,这样可防止食槽被兔掀翻。这种食槽的最大优点是清洗方便,同时也可作水槽使用。

(3)翻转式食槽:用镀锌铁皮制作,形状有多种。食槽底部焊接一根钢丝,伸出两端各2厘米左右(用作转轴),卡在笼门食槽口的两侧卡口内,用于翻转食槽。食槽外口的宽度大于笼门的食槽口,防止食槽全部翻转到兔笼里边。喂料后,将安装在食槽口上方的活动卡子卡住食槽即可。这样的食槽拆卸比较方便,喂料无需打开笼门。

(4)抽屉式食槽:用镀锌铁皮制作,形状如半个圆盆,圆形面朝里、平面向外安装在笼门的食槽口内。在食槽一侧外缘焊接一根钢丝(与食槽垂直),上下两端各伸出1.5厘米左右(用作转轴),卡在笼门食槽口的一侧,用于转动食槽。食槽的另一侧安装一个活动搭扣,喂料后将食槽扣在笼门上作固定。这种食槽同翻转式食槽一样,喂料时无需打开笼门,拆卸比较方便。

(5)自动食槽:用镀锌铁皮制作或用工程塑料模压成型。自动食槽兼有喂料及贮料的功能,多用于大型兔场及工厂化养兔场。食槽由加料口、采食口两部分组成,多悬挂于笼门外侧,笼外加料,笼内采食。食槽底部均匀地分布着小圆孔,以防颗粒饲料中的粉尘被吸入兔只的呼吸道而引起咳嗽和鼻炎。这种食槽使用时省时省工,但制作复杂,造价较高,对兔饲料的调制类型有限制。

3. 如何准备草架

草架是预防獭兔粪尿污染饲草的饲养工具,呈"V"字形,由竹条、木板条或钢丝做成的栅格网,靠兔笼一面栅格较宽,4～5厘米,便于兔采拉饲草。两侧和外侧面栅格,距离较密,2～3厘米。挂在笼门上的草架尺寸较小,长25～30厘米,上口宽15厘米,高20～25厘米。放在兔笼门中央,两侧放水槽、料槽。另一种草架是放在运动场上,尺寸可大些,长1米,高70厘米,上口宽50厘米。

4. 如何准备饮水设备

要养好兔,必须给兔提供足够的饮水。饮水器可就地取材,最理想的是设置自流式饮水器,也可自行制作自动饮水器。例如用矿泉水瓶灌满水后,倒置于底盘中,将瓶塞切去1/3,便于水流出。瓶塞留在瓶口外的高度即是水盘中水位的高度。别外还有特制的乳头式自动饮水器,外壳是带有螺纹的铜质管道。

5. 如何准备产仔箱

产仔箱是供母獭兔筑巢产仔,也是3周龄前仔兔的主要生活场所。产仔箱分为固定式和活动式两种。

如果采用固定式产仔箱,制作兔笼时要根据兔笼长、宽加做一个长度25厘米左右,有供母兔出入出口的产仔箱。如果采用全封闭式产仔箱,产仔箱的顶部或后部要留有观察口。

活动式的通常在母獭兔接近分娩时放入笼内或挂在笼外,产仔箱的制作材料有木板、纤维板、塑料等。

(1)平放式:平放式产仔箱有月牙状缺口产仔箱和平口产仔箱。

①月牙状缺口产仔箱:月牙状缺口产仔箱采用保温性能好的发泡塑料、轻质金属等材料制作。产仔箱悬挂于金属兔笼的前壁笼门上,在与兔笼接触的一侧留一个大小适中的方形缺口,缺口的底部刚好与笼底板一样平,以便母仔出入。产仔箱上方加盖一个

活动盖板。这种产仔箱模拟洞穴环境,适于母獭兔的习性。同时,产仔箱悬挂在笼外,不占笼内面积,管理非常方便。

②平口产仔箱:用1厘米厚的木板钉制,上口水平,箱底可钻一些小孔,以利排尿、透气。产仔箱不宜做得太高,以便母獭兔跳进跳出。产仔箱上口四周必须制作光滑,不能有毛刺,以免损伤母獭兔乳房,导致乳房炎。这种产仔箱制作简单,适合于家庭养兔场采用。

(2)悬挂式:多采用保温性能好的发泡塑料或轻质金属等材料制作。悬挂于兔笼的笼门上,在与兔笼接触的一侧留有一个大小适中的方形缺口,其底部刚好与笼底板齐平。产仔箱上方加盖一块活动盖板。这类产仔箱具有不占笼内面积、管理方便的特点。

6. 如何准备运输笼(箱)

运输笼仅作为种兔或商品兔途中运输用,一般不配置草架、食槽、饮水器等。要求制作材料轻,装卸方便,结构紧凑,笼内可分若干小格,以分开放兔,要坚固耐用,透气性好,大小规格一致,可重叠放置,有承粪装置(防止途中尿液外溢),适于各种方法消毒。有竹制运输笼、金属运输笼、纤维板运输笼、塑料运输箱等。金属运输笼底部有金属承粪托盘,塑料运输箱系用模具一次压制而成,四周留有透气孔,笼内可放置笼底板,笼底板下面铺垫锯木屑,以吸收尿液。

7. 如何准备喂料车

喂料车主要是大型兔场采用,用它装料喂兔,省工省时。喂料车一般用角铁制成框架,用镀锌铁皮制成箱体,在框架底部前后安装4个车轮,其中前面2个为方向轮。

8. 如何准备饲料加工设备

现代化、高效益的獭兔生产,大多采用全价配合饲料。因此,各养兔场必须备有饲料加工设备,对不同饲料原料,在喂饲之前进行一定的粉碎、混合和制粒。

（1）饲料粉碎机：一般精、粗饲料在加工全价配合料之前，都应粉碎。粉碎的目的，主要是提高獭兔对饲料的消化吸收率，同时也便于将各种饲料混合均匀和加工成多种饲料（如粉状、颗粒状等）。在选择粉碎机时，要求机器通用性好（能粉碎多种原料），成品粒度均匀，结构简单，使用、维修方便，作业时噪声和粉尘应符合规定标准。

目前生产中应用最普遍的多为锤片式粉碎机，这种粉碎机主要是利用高速旋转的锤片来击碎饲料。工作时，物料从喂料斗进入粉碎室，受到高速旋转的锤片打击和齿板撞击，使物料逐渐粉碎成小碎粒，通过筛孔的饲料细粒经吸料管吸入风机，转而送入集料筒。

（2）饲料混合机：一般配合饲料厂或大型养兔场的饲料加工车间，饲料混合机是不可缺少的重要设备之一。混合按工序，大致可分为批量混合和连续混合两种。批量混合设备常用的是立式混合机或卧式混合机，连续混合设备常用的是桨叶式连续混合机。

生产实践表明，立式混合机动力消耗较少，装卸方便；但生产效率较低，搅拌时间较长，适用于小型饲料加工厂。卧式混合机的优点是混合效率高，质量好，卸料迅速；其缺点是动力消耗大，一般适用于大型饲料厂。桨叶式连续混合机结构简单，造价较低，适用于较大规模的专业户养兔场使用。

（3）饲料压粒机：生产颗粒饲料的压粒机，目前生产中应用最广泛的是环模压粒机和平模压粒机。

环模压粒机又可分为立式和卧式两种。立式环模压粒机的主轴是垂直的，而环模圈则呈水平配置；卧式环模压粒机的主轴是水平的，环模圈呈垂直配置。一般小型场多采用立式环模压粒机，大、中型场则采用卧式压粒机。

平模压粒机有动辊式、动模式和动辊动模式三种。主要工作部件是平模、压辊和切刀等。压辊旋转时将物料推压至压辊和压模之间,物料受二者强烈挤压后从模孔挤出而呈圆柱体,并由固定切刀按规格切断。

颗粒饲料是近代饲料工业的新发展,是规模养兔场或专业户养兔场普遍采用的一种饲料形式。粉料经压制成颗粒料之后,在运送、贮存和分配过程中不会破坏其成分的均匀分布,能避免獭兔挑食;压制过程中饲料中的淀粉可发生糊化,产生较浓的香味,提高适口性,有利于刺激獭兔的食欲;压制过程中的短期高温,可杀灭饲料原料中的寄生虫卵和其他病原微生物,破坏豆类、谷物原料中的各种抗营养因子,提高饲料的利用率。当然,颗粒饲料在加工压制过程中,也会破坏某些营养成分(如维生素等),但饲喂颗粒饲料利大于弊,故在养兔业发达的国家普遍采用。

第三章　獭兔营养与饲料相关问题

一、獭兔的营养问题

1. 獭兔的营养需求有哪些

（1）能量需求：獭兔的一切生命活动都需要能量，能量的主要来源是饲料中的糖类、脂肪和蛋白质。其中，糖类在植物性饲料中占 70％左右，是獭兔能量的主要来源。饲料中的能量蕴藏在营养物质之中，獭兔营养物质的代谢必然伴随着能量代谢，之所以把能量单提出来作为獭兔的营养需要的一项，是因为能量水平在獭兔饲养标准中占有很重要的地位。实践证明，饲养效果与能量水平密切相关，即能量水平直接影响生产水平。獭兔和其他单胃动物一样，能自动地调节采食量以满足其对能量的需要。不过，獭兔消化道的容量是有一定限度的，因此，其自动调节能力也是有限度的。当日粮能量水平过低时，虽然它能增加采食量，但仍不能满足其对能量的需要，则会导致獭兔的健康恶化，能量利用率降低，体脂分解多导致酮血症，体蛋白分解多而致毒血症。若日粮中能量过高，谷物饲料比例过大，则会出现大量易消化的糖类由小肠进入大肠，从而增加大肠的负担，出现异常发酵，其结果轻则引起消化紊乱，重则发生消化道疾病。

实践证明，獭兔对大麦、小麦、燕麦、玉米等谷物饲料中的糖类具有较高的消化率，对豆科饲料中的粗脂肪消化率可达 83％～91％。如果日粮中能量不足，就会导致生长速度减慢。但是，日粮中能量水平偏高，也会因大量易消化的糖类由小肠进入大肠，出现异常发酵而引起消化道疾病;同时因体脂沉积过多,对繁殖母獭兔来说会影响雌性激素的释放和吸收,从而损害繁殖机能,对公獭兔来说则会造成性欲减退、配种困难和精子活力下降等。因此,控制能量供应水平对养好獭兔极为重要。

(2)蛋白质需求:蛋白质是一切生命活动的基础,也是兔体的重要组成成分。据试验,生长兔、妊娠母兔和泌乳期母兔的日粮中,蛋白质的需要量分别以含粗蛋白质 16%、15%和 17%为宜。如果日粮中蛋白质水平过低,则会影响獭兔的健康和生产性能的发挥,表现为体重减轻,生长受阻,公兔性欲减退,精液品质降低;母兔发情不正常,不易受孕。相反,日粮中蛋白质水平过高,不仅造成饲料浪费,还会加重盲肠、结肠以及肝脏、肾脏的负担,引起腹泻、中毒,甚至死亡。因此,应合理搭配饲料,在保障蛋白质营养供应的同时,避免蛋白质营养的过剩。

(3)脂肪需求:脂肪是獭兔生产和修复组织不可缺少的物质;脂肪也是供给獭兔热能和贮备能量的主要物质,贮积的脂肪还具有隔热保温、支持保护脏器和关节的作用。某些维生素如维生素A、维生素 D、维生素 E、维生素 K 只有溶解于脂肪中才能被吸收和在体内代谢。脂肪缺乏,将会出现这些维生素的缺乏症。当日粮中严重缺乏脂肪时,獭兔表现生长受阻,性成熟晚,睾丸发育不良;受胎率低,产畸形胎儿,皮肤干燥、掉毛,瞎眼等症。据试验,成年兔日粮中的脂肪含量应为 2%～4%,妊娠和哺乳母兔日粮中应含 4%～5%。獭兔体内的脂肪主要是由饲料中的糖类转变为脂肪酸后而合成的。但脂肪酸中的 18 碳二烯酸(亚麻油酸)、18 碳三烯酸(次亚麻油酸)和 20 碳四烯酸(花生油酸)在兔体内不能合成,必须由饲料中供给,称为必需脂肪酸。必需脂肪酸在兔体内的作用极为复杂,缺乏时则会引起生长发育不良,公兔精细管退化,畸形精子数增加和母兔繁殖性能下降等不良现象。

(4)维生素需求:维生素是兔体的新陈代谢过程中所必需的物

质,对獭兔的生长、繁殖和维持其机体的健康有着密切的关系。獭兔虽然对维生素的需要量微小,但缺乏时,轻者生长停滞,食欲减退,抗病力减弱,繁殖机能及生产力下降;重者造成獭兔死亡。

维生素主要分脂溶性维生素和水溶性维生素两大类。前者主要有维生素A、维生素D、维生素E、维生素K等,后者包括整个B族和维生素C,对兔营养起关键性作用的是脂溶性维生素。据试验,生长兔和种公兔每千克体重每日需维生素A 8微克,繁殖母兔需14微克。维生素E的最低推荐量为每天0.32毫克/千克体重;维生素K的推荐量为每千克日粮2毫克。

青绿及糠麸饲料中均含多种维生素,只要经常供给獭兔优质的青绿饲料,一般情况下不会造成缺乏。

(5)矿质元素需求:矿质元素在兔体内的含量很少,约占成年兔体重的4.8%,但参与机体内的各种生命活动,在整个机体代谢过程中起着重要作用,是保证獭兔健康、生长、繁殖所不可缺少的营养物质。

①钙和磷:钙和磷是构成骨骼的主要成分。钙能帮助维持神经肌肉的正常生理功能,维持心脏的正常活动,维持酸碱平衡,促进血液凝固。

各类獭兔日粮中钙的需要量:生长兔、肥育兔为1.0%～1.2%,成年兔、空怀兔为1.0%,妊娠后期和哺乳母兔1.0%～1.2%。磷对兔的骨骼和身体细胞的形成,对糖类、脂肪和钙的利用等都是必需的。

各类兔对磷的需要量:生长兔、肥育兔为0.4%～0.8%,妊娠后期和哺乳母兔为0.4%～0.8%,成年兔、空怀兔为0.4%。钙磷比例以维持2:1为好,并且应保证有维生素D的供给。

②氯和钠:氯和钠广泛分布于体液中,维持体内水、电解质及酸碱平衡,并维持细胞内外液的渗透压。钠还能调解心脏的正常生理活动。氯也是形成胃酸的原料,是胃液的主要组成部分。

如果兔的日粮补盐不足,兔食欲下降,增重减慢,且易出现乱啃现象。一般植物饲料里含钠和氯很少。必须通过食盐来补充。兔对食盐需要量,一般认为应占日粮的 0.5% 为宜。对哺乳母獭兔和肥育母獭兔可稍高一些,应占日粮的 0.65%~1%。

③钾:钾在维持细胞渗透压和神经兴奋的传递过程中起着重要作用。獭兔缺乏钾会发生严重的进行性肌肉营养不良等病理变化。钾是钠的拮抗物,所以二者在代谢上密切相关。

常用的兔饲料含钾元素高,日粮中不需要补钾,一般也不会发生缺钾现象。

④铁、铜和钴:这三种元素在体内有协同作用缺一不可。铁是组成血红蛋白的成分之一,担负氧的运输功能,缺铁会引起贫血症。每千克日粮应含铁 100 毫克左右才能满足兔的生理要求。铜有催化血红蛋白形成的作用,缺铜同样贫血。每千克日粮中应含有 5~20 毫克为宜。据试验,日粮添加高水平铜,主要通过硫酸铜的形式补给。钴是维生素 B_{12} 的成分,而维生素 B_{12} 是抗贫血的维生素,缺少钴就妨碍维生素 B_{12} 的合成,最终也会导致贫血。仔兔每天需要钴不低于 0.1 毫克,成兔日粮中,每千克饲料应添加 0.1~1.0 毫克,以保证兔的正常生长发育与繁殖。

⑤锰:锰主要存在于动物肝脏,参与骨组织基质中的硫酸软骨素形成,所以是骨骼正常发育所必需。锰与繁殖及糖类和脂肪代谢有关。獭兔缺锰表现为骨骼发育不良,腿弯曲骨脆,骨骼的重量、密度、长度及灰分含量均减少。兔的日粮中,生长兔每千克日粮含 0.5 毫克,成年兔含 2.5 毫克,就可防止锰的缺乏。锰的摄取量范围约为每千克日粮含 10~80 毫克。

⑥锌:锌是兔体内多种酶的成分,如红细胞中的碳酸酶,胰液中的羧肽酶等。锌与胰岛素相结合,形成络合物,增加胰岛素的结构,延长作用时间。日粮中如缺锌,常出现食欲不振,生长缓慢,皮肤粗糙结痂,被毛粗劣稀少和生殖机能障碍。獭兔对锌的需要量

为每千克日粮含 30～50 毫克。

⑦碘：碘的作用在于参与甲状腺素、三碘酪氨酸和四碘酪氨酸的合成。如碘摄入过多每千克日粮碘超过 250 毫克，会招致獭兔大量死亡，缺碘会引起甲状腺肿大。最适宜含量为每千克日粮 0.2 毫克。

⑧硫：兔体内的硫，主要存在于蛋氨酸、胱氨酸内，维生素中的维生素 B_1（硫胺素）、生物素中含有少量硫。兔毛含硫 5%，多以胱氨酸形式存在，硫对兔毛、皮生长有重要作用。兔缺硫时食欲严重减退，出现掉毛现象。

⑨硒：硒和维生素 E 一样具有抗氧化作用，在机体内生理生化过程中，硒对消化酶有催化作用，对兔生长发育有促进作用。缺硒时，獭兔出现肝细胞坏死、空怀、死胎等。獭兔的每千克饲粮中，添加 0.1 毫克就可以满足需求。

(6)粗纤维需求：粗纤维包括纤维素、半纤维素和木质素，是植物细胞壁的主要成分。粗纤维在维持獭兔正常消化机能、保持消化物稠度、形成硬粪及消化运转过程中起着重要的物理作用。成年兔饲喂高能量、高蛋白质日粮往往事与愿违，不但不能产生加快生长的效应，反而会导致消化道疾病，其主要原因是粗纤维供给量过少，因而使肠道蠕动减慢，食物通过消化道时间延长，造成结肠内压升高，从而引起消化紊乱，出现腹泻，死亡率增加。但日粮中粗纤维含量过高，也会引起肠道蠕动过速，日粮通过消化道速度加快，营养浓度降低，导致生产性能下降。

据试验，日粮中适宜的粗纤维含量为 12%～14%。幼兔可适当低些，但不能低于 8%；成年兔可适当高些，但不能高于 20%。

(7)水的需求：水是獭兔生命活动所必需的物质，体内营养物质的运输、消化、吸收和粪便的排除，都需要水分。此外，獭兔体温的调节和机体的新陈代谢活动都需要水的参与。在缺水情况下，常会引起食欲减退，消化机能紊乱，甚至死亡。

据试验,獭兔的需水量一般为采食干物质量的 1.5～2.5 倍,每日每千克体重的獭兔需水量为 100～120 毫升。当然,獭兔的饮水量还与季节、气温、年龄、生理状态、饲料类型等因素有关。炎热的夏季饮水量增加;青绿饲料供给充足,饮水量减少;幼兔生长发育快,饮水量相对比成年兔多,哺乳母獭兔饮水量更多。

2. 兔的青绿饲料有哪些

青绿饲料富含叶绿素,而多汁饲料富含汁水,包括各种新鲜野草、野菜、天然牧草、栽培牧草、青饲作物、菜叶、水生饲料、幼嫩树叶、非淀粉质的块根、块茎、瓜果类等。

(1)青绿饲料种类

①野草类:獭兔喜欢采食的主要有野苋菜、马齿苋、胡枝子、野豌豆、车前草、艾蒿、苦荬菜等。宜选择叶多、草嫩、纤维素含量低的优质草为好。

②蔬菜类:主要有大白菜、萝卜菜、胡萝卜、南瓜叶、苦麻菜等。包心菜虽属高产,但以少量饲喂为宜,以免引起獭兔腹泻等消化道疾病。

③软草类:包括黑麦草、苏丹草、三叶草、紫云英等。人工栽培黑麦草,每年可刈割 5～6 次,每亩产鲜草 6000～10 000 千克,是目前规模养兔场最常用的青绿饲料。

④树叶类:树叶也是獭兔的好饲料,在间伐林木或修枝打杈时砍下的嫩枝树叶均可饲喂。常见的有槐树叶、松针、椿树叶、桑叶、榆树叶、杨树叶和胡枝子嫩枝叶等,比较适合的有槐树叶、松针。毛茛、防风、独活、毒芹、乌头、藜芦、天南星、蓖麻叶、大麻叶、烟草、白屈芽、白头翁等有毒植物会引起獭兔中毒或消化系统疾病,要注意剔除。

新鲜刺槐叶含干物质 28.8%,粗蛋白 7.8%,粗纤维 4.2%,钙 0.29%,磷 0.03%,富含多种维生素和微量元素,其营养价值不亚于豆科牧草。刺槐叶以鲜用为好,也可以制成刺槐叶粉。刺槐叶的饲喂要注意合理搭配,不应长期单独使用,需搭配精料和其他青绿饲料。

松针加工成松针粉便于贮藏、运输和使用,如能在加工中除去松针中的松香磷脂和单宁,则适口性更好。松针粉含蛋白质7%~12%,有赖氨酸、天门冬氨酸等18种氨基酸,氨基酸总量达5.5%~8.1%;含粗脂肪7%~12%,粗纤维24%~26%,无氮浸出物约37%。松针粉中所含的微量元素铁、锰、钴等高于草本和豆科植物干茎叶。松针粉还含有多种维生素,其中维生素C和胡萝卜素的含量最为突出。松针粉的土法加工很简便,将采集到的松针及嫩枝洗净、晒干、粉碎即可。松针粉色绿,有清香味,含有丰富的营养物质。同时,松针粉还含有植物杀菌素,具有防病抗病功效。在獭兔口粮中添加松针叶粉,可以明显促进獭兔生长,增加母獭兔产仔数和提高仔兔成活率。同时,松针及松针粉还能防治獭兔疾病。用鲜松针加水煮沸1小时,取松针汁喂兔,每天1次,连喂3天,可预防和治疗獭兔感冒。

⑤水生类:包括水浮莲、水葫芦、水花生和红萍、绿萍等。这类饲料因含水量高,宜洗净,晾干后再喂。有些地区采用打浆后拌料饲喂,效果更好。

(2)饲喂青绿饲料的注意事项

①青绿饲料必须放在草架上饲喂,切忌放入笼舍地板上饲喂,以免粪尿污染,造成浪费。

②保持清洁、新鲜、绿嫩,当天喂的草要当天割,露水未干的青草、青菜不能喂。

③防止霉烂变质。堆积过久、发酵腐烂的青绿饲料含亚硝酸盐等有毒物质,会引起中毒。

④青饲料中维生素D和磷含量较低,且蛋白质、氨基酸含量差异较大,须与禾本科、豆科等饲草搭配饲喂。

⑤防止农药中毒,切忌在喷洒农药后的田边、菜地或粪堆旁割

草饲喂。

3. 兔的粗饲料有哪些

粗饲料是粗纤维含量高、体积大、营养价值低的一类饲料,是獭兔在枯草季节所用的饲料,包括青干草、树叶落叶、秸秆、秕壳等。干草是栽培或野生青草刈割后经风吹、晒干或人工干燥制成的,营养价值较高;秸秆和秕壳是籽实收获后剩余的茎叶及皮壳,玉米秸、豆秸和经晒制的玉米叶、高粱叶、豆壳、麦壳、花生秧、地瓜蔓、小豆秸、绿豆秸等。

(1)粗饲料种类

①青干草:由青绿饲料经日晒或人工干燥除去大量水分而制成。其营养价值受植物种类组成、刈割期和调制方法的影响。蛋白质品质较完善,胡萝卜素和维生素 D 含量丰富,是獭兔最基本最主要的饲料。

②秸秆:秸秆饲料一般质地较差,营养成分含量较低,必须合理加工调制,才能提高其适口性和营养价值。我国秸秆饲料的主要种类有稻草、麦秸、玉米秸、豆秸、甘薯秧和花生秧等,这类饲料粗纤维含量高,可达 $30\%\sim45\%$,其中木质素比例大,一般为 $6.5\%\sim12\%$,有效价值低,蛋白质含量低且品质差,钙、磷含量低且利用率低,适口性差,营养价值低,消化率也低。

③荚壳类:是农作物籽实脱壳后的副产品,包括谷壳、稻壳、花生壳、豆荚等。除了稻壳和花生壳外,荚壳的营养成分高于秸秆。豆荚的营养价值比其他荚壳高,尤其是粗蛋白质含量高。禾谷类荚壳中,谷壳含蛋白质和无氮浸出物较多,粗纤维较低,营养价值仅次于豆荚。

(2)饲喂粗饲料的注意事项

①质量最好的青干草是在 6~7 月间收割的头刀草。晒制优质干草应以强烈日照为宜,切忌雨淋。

②豆科草类叶片容易脱落,晒制过程中应注意收集,以减少

损失。

③为满足獭兔营养,禾本科干草应与豆科干草等配合应用,以达营养的全面和平衡。

④严禁用发霉的干草和藤蔓喂兔,以免引起中毒、死亡等。

⑤粗饲料最好经晒干、粉碎,与其他饲料混合加工成颗粒饲料,以改善饲料的适口性,提高消化率。

4. 兔的能量饲料有哪些

能量饲料是指饲料干物质中粗纤维含量低于18%、粗蛋白质含量低于20%的一类饲料,是獭兔日粮中能量的主要来源。

(1)能量饲料的种类:各种作物的籽实和农副产品都是獭兔的精饲料,如玉米、大麦、高粱、燕麦、大豆、豌豆、蚕豆等和麦麸、米糠、棉籽饼、豆粕、菜籽饼、花生饼、豆渣、粉渣等。精饲料具有可消化、营养物质含量高、体积小、水分少、纤维素少、营养成分丰富、适口性好、消化率高等特点,但蛋白质品质不如青绿饲料和动物性饲料,维生素、矿物质较缺乏,特别是维生素A。精饲料是獭兔重要的补充饲料。精饲料分籽粒类饲料和加工副产品饲料。

(2)饲喂能量饲料的注意事项

①不同种类的能量饲料其营养成分差异很大,配料时应注意饲料种类的多样化,合理搭配使用。

②谷实类饲料对獭兔的适口性顺序为大麦、小麦、玉米、稻谷。高粱因单宁含量较高,饲喂时应有所限量。

③能量饲料因粗纤维含量较低,特别是玉米,用量不宜过多,以免导致胃肠炎等消化道疾病。

④应用能量饲料时,为提高有机物质的消化率,最好经粉碎后,搭配蛋白质、矿质元素饲料等加工成颗粒料饲喂。

⑤高温、高湿环境很容易使精饲料发霉变质,黄曲霉素对獭兔有很强的毒性,饲喂时应特别注意。

5. 兔的蛋白质饲料有哪些

一般是指饲料干物质中粗蛋白质含量在 20％以上的饲料,均属于蛋白质饲料。蛋白质饲料是獭兔的高级营养品,在日粮中所占比例不多,但对獭兔的健康和生长发育具有重要作用。

(1)蛋白质饲料的种类

①植物性蛋白质饲料:常用的是饼粕类,如豆饼、菜籽饼、棉籽饼、花生饼及豆粕、菜籽粕等,是獭兔日粮中蛋白质的主要来源,饲粮中的用量为 10％～20％。

②动物性蛋白质饲料:常用的有畜禽副产品(如肉骨粉、血粉、羽毛粉等)、鱼粉等。动物性饲料因价格较高,且有特殊气味,饲粮中的用量以 1％～3％为宜。

③单细胞蛋白质饲料主要包括酵母、藻类等,一般日粮中以添加 2％～3％为宜。

(2)饲喂蛋白质饲料的注意事项

①动物性饲料来源少,价格高,应合理使用,一般喂量只占日粮的 1％～3％。

②这类饲料如果贮存不当,易发生霉、酸、腐败等变质,误食后易引起中毒死亡,因此应注意饲料质量。

③鱼粉、血粉适口性较差,大量喂用使獭兔胴体有异味,应严格控制使用。

④生豆饼中含有抗胰蛋白酶因子和脲酶等有害成分;菜籽饼带有辛辣味,适口性较差,且含有硫葡糖苷等有毒物质。大量饲喂易引起兔腹泻、甲状腺肿大和泌尿系统炎症等。

⑤鱼粉是常用的动物性蛋白质饲料。优质鱼粉,色金黄,脂肪含量不超过 8％,含盐量 4％左右,干燥而不结块;劣质鱼粉,有特殊气味,呈咖啡色或黑色,不宜用于喂兔。

6. 兔的矿物质饲料有哪些

獭兔所需要的矿物质饲料种类很多,按照需要量的多少分为常量矿物质元素和微量矿物质元素。前者主要包括钙、磷、钠和氯等。食盐含有钠和氯,一般在饲料中添加 0.3%～0.5%。在缺碘地区,应补加含碘食盐。石粉、贝壳粉等是钙的廉价补充料,而骨粉、蛋壳粉、磷酸氢钙既含钙又含磷,它们的添加量可根据饲料中的含量与营养标准的差额确定,一般添加 1%～2%。微量矿物质元素主要包括铁、铜、锌、锰、硒、钴、碘等。除了添加微量元素添加剂外,一些地方性的复合矿物,如沸石、麦饭石、膨润土、海泡石等,含有多种微量元素,不但使之得以补充,而且还具有吸附、交换、缓释等多种功能。对于促进生长、降低饲料消耗有较好效果,一般添加量在 3%左右。目前市售的獭兔生长素,主要成分为硫酸亚铁、碘化钾、硫酸铜、硫酸镁、硫酸锰、硫酸锌等,再加入骨粉或石粉等混合而成。

7. 兔的添加剂饲料有哪些

添加剂是在配合饲料中加入的各种微量成分,其作用是完善饲料的营养成分、提高饲料的利用率,促进獭兔生长和预防疾病。减少饲料在贮存期间的营养损失、改善产品品质。常用的有补充饲料营养成分的添加剂,如氨基酸、矿物质和维生素;促进饲料的利用和保健作用的添加剂,如生长促进剂、驱虫剂和助消化剂等;防止饲料品质降低的添加剂,如抗氧化剂、防霉剂、黏结剂和增味剂等。

(1)添加剂饲料的种类:酵母粉、蛋白粉、维生素 E、维生素 E 生长素、多种维生素、蛋氨酸、赖氨酸、含硒生长素、维生素 AD_3 生长素、EM 菌液(每只獭兔每日饮 EM 菌液 2 毫升,也可拌入料中喂食;或者配制成 500 倍的 EM 菌液稀释液让獭兔自由饮用,或制作发酵料掺进獭兔饲料中,制成颗粒饲用,可以提高獭兔的消化吸收功能,提高獭兔的机体免疫力,从而达到提高饲料转化率,预防多种疾病,改善圈舍环境的效果)等。

（2）饲喂添加剂饲料的注意事项

①添加剂因用量甚微，不能直接加入饲料，须预先混合后再与日粮混合均匀，以达预期效果。

②长期补饲药物添加剂，特别是抗生素易破坏消化道中微生物区系的正常活动，故要注意节制和定期更换。

③选用的饲料添加剂应注意用法、用量和有效期。添加剂贮存时间不宜过长，贮存时间越长，效价、质量也越差。

8. 可提高獭兔毛皮质量的饲料有哪些

獭兔饲料中可添加植物或动物脂肪两类。可选用的植物脂肪有大豆油及油脚、大豆磷脂油、菜籽油、玉米油等。可选用的动物脂肪有猪油、牛油、羊油、鱼油、鸡油、奶粉以及其他畜禽油。

凡添加到颗粒饲料里的脂肪必须新鲜且质量良好，决不能有霉变现象；动物脂肪应将生油块熬成纯净的油液，提取油渣，或将油渣研碎后连同净油加入饲料里。油的比例一般为2%，冬季最高可达3%，夏季炎热期最低可在0.5%。如超量添加脂肪，将会引发腹泻。

二、混合饲料的加工调制问题

1. 如何加工调制青绿饲料

新鲜的青绿饲料营养价值高。清洁的青绿饲料只需稍加阴干，降低水分，即可饲喂。被泥土或粪尿污染的，可用0.01%高锰酸钾溶液洗净，晾干表面水分后喂兔。青绿饲料如有大量露水或雨水时，喂前应放在草架上晾干或摊成薄层后阴干、晾晒。喷过农药的青草、蔬菜在药效期内不能喂兔，同时还要把毒草挑出来。

调制干草的方法一般有两种，地面晒干和人工干燥。人工干燥法又有高温和低温两法，低温法是在45~50℃下室内停放数小时，使青草干燥；高温法是在50~100℃的热空气中脱水干燥6~

10 秒钟,即可干燥完毕,一般温度不超过 100℃,植株几乎能保存全部营养价值。

2. 如何加工调制粗饲料

粗饲料质地坚硬,含纤维素多,其中木质素比例大,适口性差,利用率低,通过加工调制可使这些性状得到改善。

(1)物理处理法:就是利用机械、水、热力等物理作用,改变粗饲料的物理性状,提高利用率。

①切短:使之有利于獭兔咀嚼,且容易与其他饲料配合使用。

②浸泡:即在 100 千克温水中加入 5 千克食盐,将切短的秸秆分批在桶中浸泡,24 小时后取出,软化秸秆,提高秸秆的适口性,便于采食。

③蒸煮:将切短的秸秆于锅内蒸煮 1 小时,加盖 2～3 小时即可。这样可软化纤维素,增加适口性。

④热喷:将秸秆、荚壳等粗饲料置于饲料热喷机内,用高温、高压蒸汽处理 1～5 分钟后,立即放在常压下使之膨化。热喷后的粗饲料结构疏松,适口性好,獭兔的采食量和消化率均能提高。

(2)化学处理:应用酸、碱等化学制剂对秸秆等粗饲料进行化学处理,目的是破坏秸秆饲料中的木质素,改善饲料的适口性,提高秸秆的营养价值。

①碱化处理:碱化处理是将稻草、麦秸等粗饲料切碎后放入缸或水泥池内,用 1％～2％石灰水浸泡 1～2 天,捞出后用清水洗净,晾干后即可喂兔,用量可占日粮的 1％～2％。

②氨化处理:氨化处理是将切碎后的秸秆等粗饲料放入窖或缸内,氨源可用尿素、碳铵、氨水或液氨。用量以干秸秆计算,尿素 5％,碳铵 10％,氨水 10％～12％,液氨 3％,拌匀踩实后用塑料薄膜覆盖封严。氨化时间冬、春季节为 4～6 周,夏、秋季节为 1～2 周。开窖后通风 12～24 小时,待氨味消失即可喂兔。

③氢氧化钠处理:氢氧化钠可使秸秆结构疏松,并可溶解部分

难消化物质,而提高秸秆中有机物质的消化率。最简单的方法是将 2%的氢氧化钠溶液均匀喷洒在秸秆上,经 24 小时即可。

(3)微生物处理:就是利用微生物产生纤维素酶分解纤维素,以提高粗饲料的消化率。比较成功的方法有以下几种:

①EM 菌处理法:EM 是"有效微生物"的英文缩写,是由光合细菌、放线菌、酵母菌、乳酸菌等 10 个属 80 多种微生物复合培养而成,处理要点如下:

◎秸秆粉碎:可先将秸秆用铡草机铡短,然后在粉碎机内粉碎成粗粉。

◎配制菌液:取 EM 原液 2000 毫升,加糖蜜或红糖 2 千克,净水 320 千克,在常温下充分混合均匀。

◎菌液拌料:将配置好的菌液喷洒在 1 吨粉碎好的粗饲料上,充分搅拌均匀。

◎厌氧发酵:将混拌好的饲料一层层地装入发酵窖(池)内,随装随踩实。当料装至高出窖口 30～40 厘米时,上面覆盖塑料薄膜,再盖 20～30 厘米厚的细土,拍打严实,防止透气。少量发酵,也可用塑料袋,其关键是压实,创造厌氧环境。

◎开窖喂用:封窖后夏季 5～10 天,冬季 20～30 天即可开窖喂用。开窖时要从一端开始,由上至下,一层层喂用。窖口要封盖,防止阳光直射、泥土污物混入和杂菌污染。优质的发酵料具有苹果香味,酸甜兼具,经过适当驯食后,獭兔即可正常采食。

②秸秆微贮法:发酵活杆菌是由木质纤维分解菌和有机酸发酵菌通过生物工程技术置备的高效复合杆菌剂,用来处理作物秸秆等粗饲料,效果较好,制作方法如下:

◎秸秆粉碎:将麦秸、稻草、玉米秸等粗饲料以铡草机切碎或粉碎机粉碎。

◎菌种复活:秸秆发酵活杆菌菌种每袋 3 克,可调制干秸秆 1000 千克,或青秸秆 2000 千克。在处理前,先将菌种倒入 200 毫升温水中充分溶解,然后在常温下放置 1～2 小时后使用,当日用完。

◎菌液配制:以每吨麦秸或稻草,需要活菌制剂 3 克,食盐9～12 千克(用玉米秸可将食盐降至 6～8 千克),水 1200～1400 千克的比例配置菌液,充分混合。

◎秸秆入窖:分层铺放粉碎的秸秆,每层 20～30 厘米厚,并喷洒菌液,使物料含水率在 60%～70%,喷洒后踏实,然后再铺第二层,一直铺至高出窖口 40 厘米时再封口。

◎封口:将最上面的秸秆压实,均匀撒上食盐,用量为每平方米 250 克,以防止上面的物料霉烂,最后盖塑料薄膜,往膜上铺20～30 厘米的麦秸或稻草,最后覆土 15～20 厘米,密封,进行厌氧发酵。

◎开窖和使用:封窖 21～30 天后即可喂用。发酵好的秸秆应具有醇香和果香酸甜味,手感松散,质地柔软湿润。取用时应先将上层泥土轻轻取下,从一端开窖,一层层取用,取后将窖口封严,防止雨水浸入和掉进泥土。开始饲喂时,獭兔可能不习惯,约有 7～10 天的适应期。

3. 如何加工调制能量饲料

能量饲料的营养价值及消化率一般都较高,但是常常因为籽实类饲料的种皮、秕壳、内部淀粉粒的结构及某些精料中含有不良物质而影响了营养成分的消化吸收和利用。所以这类饲料喂前也应经过一定的加工调制,以便充分发挥其营养物质的作用。

(1)粉碎:粉碎是最简单、最常用的一种加工方法。经粉碎后的籽实便于咀嚼,增加饲料与消化液的接触面,使消化作用进行比较完全,从而提高饲料的消化率和利用率。

(2)浸泡:将饲料置于池子或缸中,按 1:(1～1.5)的比例加入水。谷类、豆类、油饼类的饲料经过浸泡,吸收水分,膨胀柔软,容易咀嚼,便于消化,而且浸泡后某些饲料的毒性和异味便减轻,从而提高适口性。但是浸泡的时间应掌握好,浸泡时间过长,养分被水溶解造成损失,适口性也降低,甚至变质。

(3)切片、刨丝:多汁饲料多为块根、块茎类,如胡萝卜、马铃薯等,喂前洗净,切片、刨丝后与干草粉、麦麸混合应用。发芽的马铃薯要去掉发芽部分,以防中毒。

(4)发芽:为解决冬、春季节青饲料缺乏的问题,一般可将大麦、稻谷、玉米等谷物饲料发芽后喂兔,以提高饲料的营养价值。制作时先将发芽用的籽实类饲料置于45～55℃的温水中浸泡32～36小时,捞出后平摊在草席上,厚度以5～8厘米为宜,上盖塑料薄膜,维持23～25℃的环境温度,每天用35℃温水喷洒3～5次,5～7天后即可发芽。一般以芽长5～8厘米时喂兔营养最好。

三、日粮配合问题

1. 日粮配合的一般原则有哪些

日粮是指每只獭兔一昼夜所采食的各种饲料量。獭兔贵在皮毛,皮毛的生长需要更多的营养,蛋白质要求比其他兔高,尤其是含硫氨基酸(蛋氨酸和胱氨酸)更高。有了营养标准,还需要针对不同地区的饲料品种、营养特点和饲料价格,进行合理的搭配。

(1)符合消化生理特点:獭兔是单胃草食动物,日粮中应以粗料为主,精料为辅,同时还应考虑到獭兔的采食量,容积不宜过大,否则即使日粮营养全面,但因营养浓度过低而不能满足獭兔对各种营养物质的需要量。

(2)注意饲料的适口性:用于配合日粮的饲料必须适合獭兔的习性和口味。饲料适口性的好坏直接影响到獭兔的采食量,适口性好的饲料獭兔爱吃,就可提高饲养效果;如果适口性不好,即使饲料营养价值很高,也会降低其饲养效果。因此,在设计配方时,应熟悉獭兔的嗜好,选用合适的饲料原料。一般而言,獭兔喜吃味甜、微酸、微辣、多汁、香脆的植物性饲料;不爱吃有腥味、干粉状和有其他异味(如霉味)的饲料。

(3)多样性:不同的饲料种类其营养成分差异很大,单一饲料很难保证日粮平衡,采用多种饲料搭配,有利于营养物质的互补作用,从而满足獭兔的营养需要。所以,配合饲料一般应选用4~5种以上不同原料配合而成。

(4)廉价性:选择饲料种类,要立足当地资源。在保证营养全价的前提下,尽量选择数量大、来源广、容易获得、成本低的当地饲料种类。要特别注意开发当地的饲料资源,如农副产品下脚料(酒糟、醋糟、粉渣等)。

(5)安全性:选择任何饲料,都应遵守对兔无毒无害,符合安全性的原则。在此强调,青饲料及果树叶,要防止农药污染;有毒饼类(如棉饼、菜籽饼等)要脱毒处理,在无脱毒或脱毒不彻底的情况下,要限量使用,块根块茎类饲料应无腐烂;其他精料如玉米、麸皮等应避免受潮发霉。

(6)饲料质量要好:兔类对霉菌极为敏感,配合饲料应严禁选用各种发霉变质的饲料,以免引起中毒。配合日粮应保持相对稳定,不宜变化太大、太快,以免带来不良影响。如必须更换,亦需逐步进行,让獭兔有一个适应过程。

评定日粮配方优劣的方法是进行小范围的饲养试验,一旦确定所配日粮,具有獭兔生长快、饲料转化率高、成本较低的效果,即可投入加工生产。

(7)因兔制宜:要根据獭兔的不同性别、生理阶段,参照营养标准及饲料成分表进行配制,不可照搬饲养标准,也不可千篇一律让所有的獭兔都吃一种料。仔兔(补料)、幼兔、母獭兔空怀期、妊娠期及泌乳期等阶段的饲料应有所区别。而同一品种和同一生产阶段,不同生产性能的獭兔饲料也应有所不同。

(8)因时制宜:设计配方要根据季节和天气情况而灵活掌握。在夏秋季节青饲料可以供应,只要设计精料补充料即可,而在冬春季节,青饲料缺乏,在配方设计时,应增补维生素,并适当补喂多汁饲料。在多雨季节应适当增加干料,在季节交替时,饲料应逐渐过渡等。

(9)因地制宜:日粮配合选用的饲料应根据条件,充分利用经济实惠、营养丰富、价值低廉的饲料资源,特别是蛋白质饲料,如利用蚕蛹(含粗蛋白质48.4%)、槐树叶粉(含粗蛋白质19.3%)、苜蓿干草粉(含粗蛋白质20.1%)等,可降低成本。

2. 可选择的仔兔补饲配方有哪些

(1)断奶仔兔的饲料配方:草粉14%,豆粕23%,玉米面30%,麦麸27.5%,骨粉2%,食盐0.5%,兔用添加剂1%,鱼粉2%。

(2)1~2月龄仔兔饲料配方:玉米面20%,豆饼20%,麦麸15%,米糠15%,草粉25%,骨粉3.5%,食盐1%,生长素0.45%,速大壮0.05%。每兔日喂30~50克,另加青料200~300克。

(3)3~5月龄幼兔饲料配方:槐叶粉10%,大豆秸10%,玉米38%,豆粕17%,麦麸6.9%,大豆12%,骨粉1.2%,鱼粉3%,食盐0.5%,兔乐1%,蛋氨酸0.2%,赖氨酸0.2%,另加青料400~600克。

3. 可选择的生长兔补饲配方有哪些

(1)苜蓿干草50%,玉米23.5%,碎大米11%,麸皮5%,大豆粉10%,食盐0.5%。

(2)大麦25%,玉米5%,麸皮28.5%,青干草20%,豆饼18%,贝壳粉或石粉3%,食盐0.5%,另加适量抗球虫剂。

(3)大麦或麦麸30%,玉米5%,豆饼15%,苜蓿干草32%,青干草15%,微量元素及维生素3%。另外,每50千克饲料外加蛋氨酸100g,抗球虫剂适量。

(4)大麦30%,玉米5%,豆饼15%,苜蓿干草粉32%,青干草15%,矿物质及维生素3%。每50千克饲料外加蛋氨酸100克。

(5)花生秧粉或红薯秧粉 15％,玉米 22.6％,麸皮 10％,大麦皮 26％,豆粕 12％,花生粕 8％,棉仁粕 3％,食盐 0.5％,磷酸氢钙 1％,兔乐 0.7％,蛋氨酸 0.1％,赖氨酸 0.1％,球净 1％。

4. 可选择的种公獭兔补饲配方有哪些

(1)配种期:玉米 11％,豆饼 25％,麦麸 20％,草粉 40％,骨粉 2％,食盐 1.5％,生长素 0.5％。日喂量 150～200 克,另加维生素 E 1 片(分两次拌料饲喂),青料 700～800 克。

(2)非配种期:玉米 15％,豆饼 13％,麦麸 20％,草粉 50％,食盐 1.5％,生长素 0.5％。每兔日喂 100 克,另加青料 700～800 克。

5. 可选择的怀孕母獭兔补饲配方有哪些

(1)苜蓿干草 50％,大豆粉 4％,燕麦 45.5％,盐 0.5％。

(2)槐叶粉 7％,玉米秸 5％,大豆秸 23％,玉米 39.8％,豆粕 12％,大豆 5％,骨粉 1.5％,鱼粉 2％,贝壳粉 0.5％,胡麻饼 3％,食盐 0.5％,兔乐 0.5％,蛋氨酸 0.1％,赖氨酸 0.1％。

(3)大麦 20％,玉米 10％,豆饼 10％,麸皮 10％,麦芽 10％,苜蓿粉 10％,稻草粉 24％,松针粉 4％,矿物质 2％。每 50 千克饲料外加蛋氨酸 100 克,赖氨酸 50 克。

(4)麸皮 25％,玉米 40％,大麦 20％,黄豆 10％,骨粉 4％,盐 1％。

(5)玉米面 40％,豆饼 25％,麸皮 20％,鱼粉 5％,骨粉 4％,高粱粉 4.48％,食盐 1％,多种维生素 0.02％,土霉素粉 0.5％。

6. 可选择的空怀母獭兔补饲配方有哪些

(1)草粉 50％,麦麸 20％,玉米 15％,豆饼 11％,骨粉 2％,食盐 1.5％,生长素 0.5％,每兔日喂 80～100 克,青料 700～800 克。另在配种前 10～15 天,每兔每天加喂维生素 E 1 片,分 2 次拌料饲喂,以促进发情。

(2)玉米面 44％,鱼粉 4％,大豆饼 20％,骨粉 3％,麸皮 14％,

食盐 0.5%,高粱粉 12.5%,多种维生素 0.5%,生长素 0.5%,土霉素粉 0.5%,球虫净 0.5%,白糖 1%。

(3)槐叶粉 8%,玉米秸 5%,大豆秸 23%,玉米 33%,豆粕 8%,麦麸 11%,大豆 5%,骨粉 1%,胡麻饼 2.5%,棉仁饼 2.5%,食盐 0.5%,兔乐 0.5%。

7. 可选择的哺乳母獭兔补饲配方有哪些

(1)苜蓿草粉 40%,小麦 25%,大豆粉 12%,高粱 22.5%,盐 0.5%。

(2)槐叶粉 9%,大豆秸 25%,玉米 36.5%,豆粕 12%,炒大豆 10%,骨粉 1.5%,鱼粉 2%,贝壳粉 3%,食盐 0.5%,兔乐 0.5%。

(3)大麦 13%,统糠 21.5%,麸皮 30%,青干草 10%,豆粕 22%,贝壳或石粉 3%,食盐 0.5%。

(4)花生秧粉或红薯秧粉 15%,玉米 24%,麸皮 9.6%,大麦皮 23%,豆粕 14%,花生粕 8%,棉仁粕 3%,食盐 0.5%,磷酸氢钙 1%,兔乐 0.7%,蛋氨酸 0.1%,赖氨酸 0.1%,球净 1%。

(5)麦麸 24%,玉米 10%,豆饼 8%,菜籽饼 3%,槐叶 15%,花生藤粉 35%,石粉 1.5%,酵母粉 1%,食盐 0.5%,骨粉 1%,蛋氨酸 0.2%,添加剂 0.8%。

8. 可选择的商品皮兔补饲配方有哪些

(1)麸皮 25%,大麦 8%,豆饼 10%,统糠 15%,苜蓿干草 20%,青干草 20%,微量元素及维生素 2%。

(2)麸皮 25%,玉米 8%,豆饼 10%,统糠 15%,苜蓿干草 20%,青干草 20%,矿物质及维生素 2%。

(3)玉米 30%,麦麸 5%,槐叶 25%,花生秧 15%,香油渣 8%,豆饼 5%,花生饼 5%,棉仁饼 5%,骨粉 0.5%,食盐 0.5%,添加剂 1%。

(4)麸皮 38.2%、玉米 5%、米糠 13%、豆粕 15%、青干草 27%、食盐 0.5%、石粉 1%、蛋氨酸 0.3%。

(5)槐叶粉 6.5％,大豆秸 23％,玉米 38％,豆粕 12.74％,麦麸 5％,大豆 7％,骨粉 1.3％,鱼粉 1.5％,贝壳粉 0.16％,胡麻饼 3％,食盐 0.5％,兔乐和球净各 0.5％,蛋氨酸 0.15％,赖氨酸 0.15％。

四、饲料制颗问题

1. 颗粒饲料有何优点

将粉状饲料用制粒机压制成为一定规格的圆柱状颗粒,称为颗粒饲料,是集约化养兔生产重要的技术措施,是饲料工业中比较先进的加工技术,随着畜牧业、水产养殖业的发展,颗粒饲料生产的重要性越来越显著。

(1)营养平衡:颗粒饲料由多种原料科学配合而成,各种营养成分互相补充,能满足獭兔不同生理阶段的生长、发育、繁殖、泌乳等的营养需要,有利于消化吸收,也保证了饲料营养的全价性。

(2)适口性好:颗粒料在加工过程中,使淀粉糊化,产生一定的香味,能刺激獭兔食欲,增加采食量。据测定,饲喂同一种配方的饲料,颗粒料比粉料多采食 10％～15％。

(3)符合兔子的啮齿行为:兔子有"磨牙"的习性,采食较硬的颗粒饲料,能满足兔子的啮齿行为,减少兔啮齿行为对笼具的损害,并刺激消化液分泌,有利于獭兔对饲料的消化和吸收。

(4)饲料的消化利用率高:獭兔吃颗粒料,咀嚼的时间长,可刺激消化液分泌和肠道活动,提高饲料中营养物质的消化率;另外颗粒料在压制过程中,短时间的高温使豆类及谷物中的一些阻碍营养消化利用的活性物质,如抗胰蛋白酶因子等纯化,可提高饲料的消化率。

(5)减少饲料浪费:颗粒料含水分少,可减少饲料在贮存过程中因吸潮霉变所造成的浪费,更重要的是减少獭兔因挑食或扒食等所造成的浪费,据测定,喂颗粒料较喂粉料可节省饲料 15%。

(6)减少疾病:颗粒饲料由于在制作过程中经过高温挤压有杀菌作用,可减少或避免饲料的发霉变质,特别适用于自由采食。而干粉料在喂兔的时候,必须用少量的水拌湿,因为獭兔在采食干粉料的过程中,鼻子易吸入干粉料,产生异物性肺炎。

(7)便于仓储和输送,不存在分级现象:颗粒饲料密度高,体积小,含水分低,不易霉变、虫蛀,便于运输、贮存,可提高饲料仓库的利用率。

(8)提高工作效率:颗粒料投喂方便,配合自动饮水器,可实现半自动化作业。如颗粒料一次加料可供獭兔采食 1～3 天,甚至长达 1 周之久。一个饲养员可管理种兔上百只,育肥兔数千只。

2. 如何制作颗粒饲料

(1)原料粉碎:根据饲料配方,在其他因素不变的情况下,原料粉碎得越细,产量越高。一般粉碎机的筛板孔径以 1～1.5 毫米为宜。对于储备的粗饲料,一般应选择晴天的中午加工。

(2)称量混合:按设计好的饲料配方称量好配料后,为使原料混合均匀,一般卧式带状螺旋混合机每批宜混合 2～6 分钟,立式混合机则需混合 15～20 分钟。如果没有混合机,则可放在水泥地上搅拌均匀,过筛 3～5 次,到饲料色泽均匀一致为止。

混合时要注意以下问题:

①微量元素添加或预防用药物制成预混料。

②控制搅拌时间。

③适宜的装料量:每次混合料以装至混合机容量的 60%～80%为宜。

④合理的加料顺序:配比量大的组分先加,量少的后加;比重

小的先加,比重大的后加,此外,对于干进干出的制粒机,须在制粒前搅拌时加入一定比例的水分。

(3)压制成型:一种是风干粉料加适量水分(应小于5%,最多不超过10%),均匀拌和后通过颗粒压制机压制成颗粒状;另一种是风干粉料通过颗粒压制机直接压制成颗粒状,即干进干出,颗粒硬度高,光洁度好,含水量低,贮存时间长。

(4)成品规格:优质颗粒饲料,感官指标应色泽一致,无发霉、变质、结块及异味;要求产品形状均匀,硬度适宜,表面光洁;水分含量北方不高于14%,南方不高于12.5%;颗粒长度应控制在10~15毫米,直径为3~5毫米,粉化率应在5%以下。

3. 如何贮存保管颗粒饲料

(1)添加防霉剂:目前生产中常用的防霉剂主要有丙酸钠、丙酸钙和胱氨醋酸钠等,用量可根据保存期长短、含水量高低酌情而定。防霉剂应在粉料拌和时添加,方可取得良好效果。

(2)控制含水量:颗粒饲料出机后要及时冷却,必要时可在烈日下晾晒。贮存时成品含水量一般控制在12%以下。

(3)改善贮存环境:颗粒饲料应离地堆放,底层用木条垫起,防止回潮霉变;贮存房间应通风、干燥,盛器应干净、无毒,最好用双层塑料袋包装(外层用编织袋,内层用塑料薄膜袋)。

(4)防止虫、鼠害:严重的虫害与鼠害,不仅会耗损大批饲料,还会引起其污染变质,损失巨大。因此,要采用多种方法杀虫、灭鼠;建造仓库时,也应选用防虫害、鼠害的材料,进行科学的设计施工。

(5)缩短贮存期:颗粒饲料,最好现用现制,用多少制多少。实践表明,随着饲料存放的时间加长,维生素、抗生素功效会明显下降,饲料逐渐吸湿,引起发霉变质。因此,应尽量缩短其贮存期。

五、饲料饲喂问题

1. 獭兔的饲喂方式有哪些

(1)自由采食:即经常备有饲料和饮水,任其自由采食,一般大型养兔场多采用这种方式,常用的饲料为全价颗粒饲料,优点是能充分发挥獭兔的生产性能。

(2)定时定量:即限量饲喂,每天喂兔的饲料数量、饲喂时间和喂料次数都是一定的,这样可使獭兔养成良好的采食习惯,增进食欲,有利于饲料的消化吸收。每天饲喂次数,一般成年兔为 3～4次,青年兔 4～5 次,幼兔可增加到 5～6 次,通常精料分 2 次喂给,青料分 3 次喂给。

(3)混合法:即基础饲料(青饲料、粗饲料等)采取自由采食方式,补充饲料(精饲料或颗粒饲料)采取限量饲喂。

根据生产实践,要养好獭兔,应按营养需要和季节特点,制订出喂兔的操作日程,并要保持相对稳定,不要忽早忽迟,也不能饥饱不均。在饲喂过程中,要掌握先喂草,后喂料,这样既能让兔吃饱吃好,又能使饲料得到充分消化,提高饲料利用率。根据獭兔昼静夜动的特点,饲喂时应掌握早餐要早,晚餐要晚,中餐要精的原则。

2. 饲喂獭兔要注意哪些事项

(1)饲料多样化:饲料品种不同,所含的营养成分不同,适口性也不同。如果将多种饲料配合制成颗粒饲料喂兔,特别是将禾本科饲草与豆科饲草搭配,不单增加了饲料的适口性,獭兔分泌的消化液增加、消化吸收率增高,而且各种饲料中所含的不同营养成分起互补作用,营养利用率也会高。如果长期喂单一的饲料,不仅满足不了其对营养物质的需求,还会造成獭兔营养缺乏,影响生长发育。

(2)实行"夜饲":獭兔有较强的夜食性,夜间采食量可占全天采食量的75%以上。因此,晚上睡前在饲槽里放上饲料让兔夜间随意采食,饮水器内保持存有清洁的饮水。第2天早晨检查,如果吃得干干净净,说明给的量不足,还应添加,以微剩些饲料较为适宜。

(3)切实注意饲料品质:獭兔对饲料的选择比较严格,凡被践踏、污染的草料,霉烂、变质的饲料,一般都拒绝采食。对怀孕母獭兔和仔兔尤应重视饲料品质,以防引起仔兔肠胃炎和母獭兔流产。为了改善饲料的适口性,提高消化率,各种饲料在饲喂前必须适当加工、调制。

①青草和蔬菜类饲料应先剔除有毒、带刺植物,如受污染或夹杂泥沙则应清洗晾干再喂。水生饲料更要注意清除霉烂、变质和污染部分,晾干后再喂。对含水量高的青绿饲料应与干草搭配饲喂,单喂效果不好。另外,带露水或下雨以后带泥水的草、菜和树叶,应晾干后再喂,以防水分过多,造成采食过量而拉稀。

②粗饲料(干草、秸秆、树叶等)应先清除尘土和霉变部分,最好粉碎成干草粉与精料制成颗粒饲料饲喂。

③块根饲料,要经过挑选、洗净、切碎,最好刨成细丝与精料混合饲喂;冰冻饲料一定要解冻或煮熟后方可饲喂。

④谷物饲料(大麦、小麦、玉米等)和油饼类饲料均需磨碎或压扁,最好与干草粉拌湿或制成颗粒饲料饲喂。

⑤注意鉴别有毒植物:在正常情况下獭兔对有毒植物有一定的分辨能力,并予拒食。但在饥饿状态下,或粉碎、混合情况下,有可能吃进有毒植物,引起中毒,如苍耳、草乌、菖蒲、毒芹、防风、独活、野棉花、野烟、蓖麻、土豆茎叶等,兔采食后会引起胀肚、呕吐、拉稀、呼吸困难、抽风、休克甚至死亡。

另外,獭兔不要喂青贮饲料。食盐用量为0.5%～1%,要调成盐水加在少量的精料内,拌匀后再加料拌匀,严禁用大粒食盐加在饲料内,以免搅拌不匀而导致食盐中毒。还需注意含水分过多的饲料,如西瓜皮、胡萝卜、白萝卜、白薯、白菜等,不要让其随意采食,要限量饲喂,否则会造成獭兔拉稀。

(4)调换饲料逐渐增减:夏、秋以青绿饲料为主,冬、春以干草和根茎类、多汁饲料为主。饲料改变时,新换的饲料量要逐渐增加,使兔的消化机能与新的饲料条件逐渐适应起来。若饲料突然改变,容易引起獭兔的肠胃病而使食量下降或绝食。

(5)个别补饲:对孕兔、哺乳母獭兔、仔兔需要进行补饲。实践证明,用黄豆补饲既经济、效果也好。将黄豆先用清水泡软,然后煮熟,加 0.2%～0.3% 的食盐直接喂饲,刚断奶的幼兔可将煮熟的黄豆用打浆机打碎喂给。

(6)不能口服抗菌类药物:这类药物进入消化道,会杀死或抑制肠内有益细菌,影响獭兔的正常消化机能。在使用抗生素时,最好采用肌注、皮注或静注。

(7)养殖獭兔投料时还要注意以下几点

①看兔体大小投料:一般情况下,个体大的成年兔投料要多一些,青年兔、幼兔的投料量要少一些。一般獭兔的颗粒饲料日喂量,哺乳母兔控制在 140 克,幼兔 60 克,青年兔 95 克,成年兔 80 克,种公兔或怀孕母兔 90 克左右。

②看兔的肥瘦投料:较肥的獭兔应适当减少精饲料的投喂量,增加青、粗饲料的投喂量;瘦弱的獭兔应多投喂一些精饲料,适当补喂一些煮熟的黄豆。

③看兔的粪便投料:每天早晨喂料时要认真观察兔粪,根据兔粪的干、湿情况或结块与否来调节饮水供应量。若粪便干结,则说明獭兔体内缺水,此时应增加饮水供应量;若粪便较稀,则说明獭兔摄入的水分相对较多,此时应适当增加干饲料的投喂量、减少青饲料的投喂量和饮水供应量。

④看兔的饥饱投料:獭兔的饥饱主要反映在獭兔肚子的大小

上,肚子瘪缩说明獭兔饥饿,应适当增加喂料量;若獭兔的肚子较大,则表明獭兔很饱,要适当控制喂料量。一般情况下,喂獭兔都以喂到八成饱为宜,喂得过饱容易引起獭兔消化不良,从而诱发腹泻等肠道疾病的发生;喂料不足,则会影响獭兔正常的生长发育。

⑤看天气变化投料:当气温超过30℃时,投喂时间应选择在早晨、夜晚,同时应加喂一些青绿饲料。冬季天气寒冷时,精饲料应用热水冲拌一下并捏成团投喂。

第四章　獭兔的引种与繁殖相关问题

一、引种问题

1. 如何确定引种季节

獭兔的引种季节以气候条件适宜的春、秋两季为宜。夏季不宜引种,因为獭兔怕热,应激反应严重。冬季寒冷,饲料条件差,易受寒冷的刺激而引起病害,甚至死亡,所以冬季也不宜引种。春、秋季节气候适宜,饲料丰富充足,特别是秋季,种兔运回后经过一个冬季的饲养和观察,已对饲养方式和气候、饲料条件有所适应,到了翌年春季即可配种繁殖,有利于提高经济效益。

2. 如何做好引种前的准备工作

正确引种、运输和把好种兔检疫关是养兔生产成败的关键环节,特别是刚开始养兔者,引进种兔时必须特别注意。

(1)了解种兔信息:获得准确的种兔信息是引种的前提。什么地方有种兔,规模多大,种兔的质量怎样,价格高低,有没有省级以上种兔经营许可证,有没有档案资料、耳号标记,必须了解清楚。特别请广大养兔户注意,有的兔场不重视配套系种兔的选种,卖出的种兔出现后代退化的现象,更不要随意在集市上购种兔,原因是集市上的是商品兔,生产性能低,兔病防疫没有把握,又无跟踪技术服务。

(2)有条件的请教专家、教授。

(3)上网查询。

(4)参加各种专业会议:无论是新的养兔者,还是具有多年养殖经历的养兔者,参加全国性或地方性的养兔以及相关会议是非常必要的,可以了解最新的养兔信息和市场行情。

(5)参加有关技术培训班。

(6)提前联系和签约:通过不同途径获取种兔信息之后,要进行电话联系,然后现场考察。货比三家之后,做出最后决定。与供种兔场签订合同,包括供种时间、种兔数量、体重、质量要求、公母比例、档案资料、免疫情况、付款方式、售后服务和赔偿条款等。

(7)准备运输工作:除了准备运输车辆以外,运输笼具也非常关键。此外,还要准备防风、防雨雪、遮阳避光的工具。

(8)准备饲料和饮水:由于运输笼具较小,装载密度大,摆放紧凑,因此一般途中不投喂饲料和饮水。但如果运输时间较长(2天以上),可准备一定量的块根块茎饲料(如胡萝卜)。

(9)准备资金。

3. 如何对獭兔幼兔和青年兔进行性别鉴定

3个月以上的幼兔和青年兔鉴定时比较容易。右手抓住耳和颈皮,左手中指和食指夹住兔尾,手掌托起臀部,用拇指推开生殖孔,其口部突出呈圆柱形者是公兔;若呈尖叶形,裂缝延至下方,接近肛门的是母獭兔。中年兔、成年兔只要看有无阴囊,便可鉴别其公母。

4. 如何确定引种数量

初养兔户,一般开始引种数量不宜过多,以 4~5 组,公、母比例 1∶(2~3)为好,待取得经验后再逐步扩大规模。有养兔经验者,可根据资金、场地、设备等条件有计划地确定引种数量。

5. 如何挑选种兔

所谓选种,就是在兔群中选择品质优良的种用公、母獭兔。既然是作为种用,就一定留后代品质好的,这是衡量种兔种用价值大小的主要标志。一个优秀种兔,应当体现在它能把本身的优良品质和良好的特征特性,稳定地遗传给后代。因此,对种兔的要求必须是从高、从严,把真正符合种兔标准的良种兔选出来。一个兔场,如果能把握好种兔关,也就是把握住了质量关,也为兔场的发展和提高生产水平、增加经济效益打下了坚实基础。

(1)品质特征和种用标准:由于獭兔毛色很多,不同毛色是区别不同品系的标致,一种毛色代表着一个独立品系,同一品系内所有个体必须保持毛色一致、纯正、不混杂,并能稳定地遗传。作为种用,要求体质结实,性状和性能表现突出,没有遗传性疾患。首先要查看一下种兔有没有编号,通过系谱看该兔的父母是不是纯种,是不是近交后代。

(2)被毛标准及毛色标准:獭兔的主要产品是毛皮,兔的被毛及皮质好坏直接影响商品价值和经济效益,因此,选种重点应放在毛皮质量上。在獭兔鉴定评分标准中,被毛品质已占 40%～50%,可见其重要地位。鉴定被毛密度采用手感与肉眼观察来初步测定。绒毛丰厚平整,毛纤维直立而富有弹性,绒毛长短适中,基本在 1.3～2.2 厘米,尤以 1.6 厘米为最佳,枪毛极少且不超出绒毛面。手抓臀部被毛,手感紧密厚实,说明密度大;如果手感空、松、稀、薄,说明密度小。用双手轻轻分开被毛,肉眼观察露出皮缝大小,如果宽而明显,说明被毛很稀,密度很差;如果露出皮缝很不明显,说明密度良好。良好的被毛则皮板质量相应坚韧、牢固。同时要检查有没有皮肤病。

现有獭兔毛色很多,其中大多数是杂交后经选育而成的,有的毛色由于选育时间短,群体内数量少,遗传性不稳定,极易出现分离现象。在众多毛色中,以白色、海狸、八点黑、黑色、红色等獭兔的毛色相对较为稳定。从商品生产考虑,宜提倡多养白色,白色可以染制模拟成人们所喜欢的各种颜色。不管是什么色型,都要求毛色纯正,必须具备该品系毛色特征,表现色泽光亮一致。

(3)引种年龄:种兔年龄与生产、繁殖性能有着密切关系,因种兔的使用年限一般只有 2～4 年,所以在种兔选购过程中必须重视年龄鉴别。引种年龄一般以 3～10 月龄的青年兔为最好。在缺少记录的情况下,兔年龄主要根据趾爪的长短、颜色、弯曲度,牙齿的色泽和排列,皮板的厚薄等进行鉴别。

青年兔(1 岁以下)趾爪短细而平直,富有光泽,隐藏于脚毛之中;白色兔趾爪基部呈粉红色、尖端呈白色,且红色多于白色。门齿洁白,短小而整齐。皮肤紧密结实。壮年兔(1～3 岁)趾爪粗细适中,平直,随着年龄增长,逐渐露出于脚毛之外,白色兔趾爪颜色红白相等,门齿白色、粗长、整齐,皮肤紧密。老年兔(3 岁以上)趾爪粗长,爪尖钩曲,有一半趾爪露出于脚毛之外,表面粗糙而无光泽,白色兔趾爪颜色白多于红。门齿厚而长,呈暗黄色,时有破损,排列不整齐,皮肤厚而松弛。

(4)体型、体重、体质标准:獭兔是"双五成"兔种,即毛占五成,体型占五成。体型指獭兔的体重与外形,体重大皮张也大,产肉也多,经济价值高。体重方面,60 日龄以上的青年兔,体重要 2 千克以上。8～10 个月龄以上的成年种獭兔标准体重为 3.5～4 千克,体重太小不宜选做种兔。种兔要体质健壮,生长发育良好。行动要灵活,眼睛明亮,各部位发育匀称,肌肉丰满,臀部发达,腰部肥壮,肩宽,与体躯结合良好,无缺陷。

(5)头型标准:头宽大,与体躯各部位比例相称。两耳厚薄适中,直立挺拔不下垂,眼睛明亮有神,眼球颜色应与本品系的标准色型相一致。凡头部狭长、鼻部尖细、耳过大或过薄、竖立无力或出现下垂现象,眼无神、迟钝、有眼屎,眼球颜色与标准色型不一致者,均属严重缺陷,不宜留做种用。四肢强壮有力,肌肉发达,前后肢毛色与体身主要部位基本一致。

(6)其他标准:公獭兔要求睾丸对称,隐睾或单睾均不能留作种用。母獭兔乳头在 4 对以上,无食仔、咬斗等恶癖。尾大小要求与体躯比例适当,颜色与全部毛色一致。外生殖器若有炎症,肛门附近有粪尿污染,爪、鼻、耳内有疥癣者,不应选做种用。

最后提醒购买者,引入的獭兔品种要符合该品种的特征和体型外貌,不能听信卖家花言巧语的宣传,不要见獭兔就买,要按照以上方法进行挑选,防止上当受骗。

6. 如何挑选后备种兔

挑选时以 3～3.5 月龄为主,体重 2～2.5 千克,体重不达标的不可引进。

(1)根据出生档案核对月龄和体重是否相符。

(2)根据脚爪长短、形状和"红心"(脚爪内的血管)长度核对月龄,尽量避免"小老兔"(月龄较大,而体重不大)。

(3)检查"九窍",尤其是耳穴、鼻孔和肛门,避免将耳癣、鼻炎和习惯性肠炎兔引进。

(4)检查性器官发育。公兔看睾丸是否形成,避免单睾和隐睾。母兔重点检查乳头数量是否 8 个以上,低于 8 个乳头的不可引进。

(5)看四肢发育是否正常,避免出现"O"形腿和"八"字形腿,同时看后脚底部是否有脚皮炎,趾端是否有癣痂。

(6)整体健康状况,主要看精神和被毛。凡是眼睛明亮、被毛光滑、两耳直立的,均表明健康状况良好。

7. 如何运输种獭兔

(1)严格检疫:凡是选用的种兔,无论月龄如何,都应是健康的,不能有任何外观明显病症,如鼻炎、眼结膜炎、疥癣、皮肤真菌病、脚皮炎、乳房炎和外伤。确定引种之后应进行兔瘟疫苗的注射。其他疫苗(如巴氏、波氏、魏氏、大肠杆菌等)是否注射,可咨询后处理。

(2)调运前的检查和核对:调运前,要认真核对和检查,包括品种、数量、性别比例、体重、耳号、档案、手续(出场手续和检疫手续,必须开具检疫证)。

(3)运输工具检查:主要是运输笼是否规范,防止笼具破损,网孔过大;运输车辆运转是否正常和安全,是否备足必要的用具。在装兔前,所有的运输工具须进行消毒处理。

(4)装载:按照品种、性别、体重等分别装笼,并将笼具编号和记录(3个月龄以上的种兔要公母分开,防止杂交乱配)。按照一定顺序装载,既要留出一定的间隙,以便空气流通,又不可装得过散,以防止起步和停车时的笼具移动。

(5)携带饲料:从种兔提供场购买部分饲料,最少可供所购种兔采食10天的。

(6)运输管理:汽车行驶速度要根据道路状况决定,尽量保持平稳安全,保持种兔的正常状态,防止车内笼具颠覆或挤压。按照天气变化情况,每2~3小时停车1次,查看兔的状况,发现异常及时妥善处理。若遇炎热高温天气,可在树阴下停车避暑。

如运输时间超过48小时,应尽可能停车喂兔。宜选用容易消化、含水分较少、适口性较好的青绿饲料,如青干草、胡萝卜、树叶(杨树叶、柳树叶、榆树叶、桦树叶)等,切忌喂用含水分较多的青菜、菠菜、大白菜和马铃薯等,以免引起腹泻;精饲料可少喂或不喂,但要及时供给饮水。

8. 种獭兔到场后如何管理

(1)及时卸兔:到达目的地后,立即卸兔。应从最上面的笼具往下依次搬运。每卸一笼,检查种兔的健康状况,核对耳号和数量,挑出病兔、残兔和死兔。

(2)隔离观察:新引进的种兔不能与大群混养,应隔离饲养和观察。对出现的病兔,单独隔离,及时诊断。如果是普通疾病,可对症治疗,直到痊愈。如系传染性疾病,应慎重处理,避免传染。在此期间,为使种兔得到很好的体力恢复,同时也便于观察记录,要采取单笼饲养。

(3)科学饲养:到场后不要急于喂食,先饮少量的糖盐水,恢复体力,待休息2小时后,再喂些从原场带回的饲料直到1周左右,以免造成消化机能的紊乱、拉稀。

经过长途运输,种兔十几个小时、甚至几十个小时没有采食饲料,腹中空空,有强烈的饥饿感。如果此时采取自由采食,这部分种兔则容易采食过多的饲料而造成消化不良,诱发疾病。可采取逐渐过渡的办法,第一天让种兔采食半饱(正常采食量的50%左右),第二天采食多半饱(正常采食量的75%左右),第三天正常采食。如果一次引进的是不同年龄或不同生理阶段的种兔,要分类摆放,分类管理,不应将它们混放乱摆。

二、配种问题

1. 獭兔性成熟的标志是什么

初生仔兔生长发育到一定年龄,性器官发育成熟,公獭兔睾丸能产生具有受精能力的精子,母獭兔卵巢能产生成熟的卵子,并表现出有发情等性行为,如果公獭兔、母獭兔交配即能受精妊娠和完成胚胎发育过程,则表明獭兔已达到性成熟。

在正常的饲养管理和正常营养条件下,獭兔性成熟龄是4月龄。达到性成熟的月龄因品系、性别、个体、营养水平、季节、遗传因素等不同而有差异。

(1)品系:一般白色獭兔的性成熟时间略早于有色獭兔。

(2)性别:母獭兔的性成熟早于公獭兔,通常同品种的母獭兔性成熟比公獭兔早1个月左右。

(3)营养:相同品种或品系,饲养条件优良、营养状况好的性成熟比营养差的要早半个月左右。

(4)季节:一般早春出生的仔兔随着气温逐渐升高,日照变长,饲料丰富,性成熟比晚秋和冬季出生的仔兔要早1~2个月。

2. 獭兔的初配年龄是多少

公獭兔、母獭兔达到性成熟后,虽然已能配种繁殖,但因身体各器官仍处于发育阶段,不宜立即配种,过早配种繁殖不仅会影响公獭兔、母獭兔本身的生长发育,而且配种后受胎率低,产仔数少,仔兔初生体重小,成活率低。但是过晚配种亦会影响公獭兔、母獭兔的生殖机能和终身繁殖能力,减少种兔的终身产仔数,影响效益。

确定獭兔的初配年龄,主要根据体重和月龄来决定。在正常饲养管理条件下,母獭兔需长到5~6月龄、体重达3~4千克时,公兔长到7~8月龄、体重达3.8千克以上时,开始交配为宜。

3. 獭兔发情时有何表现

母獭兔性成熟后,由于卵巢内成熟的卵泡产生的雌激素作用于大脑的性活动中枢,引起母獭兔生殖道一系列生理变化,出现周期性的性活动(兴奋)表现,称为发情。

(1)发情表现:母獭兔发情的特征是烦躁不安、食欲不振,甚至顿足、刨地,阴户潮湿红肿。整个发情期分前期、中期和后期,其判别主要看阴户的变化情况。未发情的母獭兔阴户不肿,呈正常肉白色;发情前期变得较湿润、微肿、粉红;中期湿润、肿大,呈大红(俗称老红);后期湿润、肿大、紫黑。最佳的配种时期是发情的中后期,故有"粉红早、紫黑迟,老红正当时"的说法。

(2)发情周期:母獭兔为刺激性排卵动物,只有在公兔交配刺激后10~12小时才排出卵子,如果未经交配刺激便不能排卵。这些成熟卵子在雌激素与孕激素的协同作用下经10~16天后逐渐萎缩、退化,而新的卵泡又开始发育。母獭兔生殖器官出现的这种周期性变化,即为性周期,或称发情周期。

母獭兔的发情周期,一般为10~16天,发情持续期为3~5天。应该注意的是母獭兔虽一年四季都能发情配种,但以气温适宜的春、秋季发情较为明显,夏季和冬季不仅性欲差,而且发情证候不明显,配种受胎率低。

4. 母獭兔不发情的原因及催情措施有哪些

(1)母獭兔不发情的主要原因

①母獭兔过肥或过瘦：对于这种情况，平时饲养管理应注意使母獭兔保持中等膘情。空怀期母獭兔要配以优质的青饲料，并适当喂给精料，使它能正常发情排卵，以便适时配种受胎。

②冬季母獭兔缺乏光照和青绿饲料，饲料中缺乏维生素 A：冬季暖和时要增加母獭兔运动量，在室外进行日光浴，多喂些胡萝卜、甘蓝叶、南瓜等含维生素 A 丰富的青绿多汁饲料。

③生理或疾病原因：阴道畸形、输卵管狭窄、子宫内有死胎等均可造成母獭兔不发情，这些兔应及时淘汰。

(2)对发情不良的母獭兔，除采取合理的饲养管理措施外，还可以采取以下措施来促进发情和受胎：

①性诱催情：将长期不发情或拒绝交配的母獭兔放入公獭兔笼内，通过追逐、爬跨等刺激后，仍将母獭兔放回原笼，经 2～3 次后就能诱发母獭兔分泌性激素，促使母獭兔外阴变红，呈现发情征象。一般采用早晨催情，傍晚配种，这样母獭兔容易配种，受胎率也很高。

②信息催情：据研究，公、母獭兔都有一种性信息素，可使同种异性产生性冲动和求偶行为。将长期不发情或拒绝配种的母獭兔放入事先预备好的公獭兔笼内，将公獭兔放入母獭兔笼内，进行公、母獭兔笼位交换。经 24 小时，将母獭兔放回原笼与留在母獭兔笼内的公獭兔配种。由于母獭兔接受了公獭兔笼内的公獭兔信息，往往会诱发母獭兔性冲动，再经公獭兔性追逐，就可促使母獭兔发情、配种。这种方法简单易行，受胎率较高，但要选择健康、性欲强的公獭兔，母獭兔留在公獭兔笼内的时间不能少于 20 小时。

③药物催情：用 2% 碘酊涂于外阴部，可刺激母獭兔发情，有效率可达 70% 以上。用 10～15 毫克硫酸铜溶于 1 毫升蒸馏水中，静脉注射后即可配种，受胎率达 60% 以上。每兔每日内服维

生素 E 1～2 丸,连用 3～5 天,内服中药淫羊藿每日 5～10 克,均有良好的催情效果。

④激素催情:促使母獭兔发情排卵的激素,主要有脑腺垂体分泌的促卵泡素、促黄体素,胎盘分泌的绒毛膜促性腺激素,孕马血清促性腺激素等。据试验,肌内注射促卵泡素(每日 2 次,每次每只 0.6 毫克),可促使卵泡成熟,分泌动情素;静注促黄体素(每次每只 20 单位或每千克体重 0.5～0.7 毫克),能促使成熟卵泡排卵,形成黄体;肌注绒毛膜促性腺激素(每次每只 40～60 单位),能诱发排卵,但连续使用会产生抗体,使排卵无效;肌注孕马血清促性腺激素(每次每只 40～60 单位),能促使卵泡强烈发育。一般都可使母獭兔的发情率达到 80%～90%,受胎率达 70%～80%,平均每胎产仔 5～7 只。

5. 配种前要做哪些准备

要想获得理想的配种效果,必须做好以下准备工作:

(1)健康检查:配种前应对公、母獭兔的健康状况进行严格检查,发现体质瘦弱、性欲不强、患有疾病的公、母种兔,一律不能参加配种。有各种恶癖或生产性能低劣的公、母兔均应严格淘汰。

(2)公、母比例:根据生产观察,采用人工辅助交配,种兔的公、母比例以 1:(8～10)为宜,即 1 只健康公兔在一般情况下可承担 8～10 只母獭兔的配种任务。

(3)笼具消毒:配种前必须清除干净兔笼内的粪便、污物,特别是公兔笼还要检修好笼底板,防止配种时发生外伤等事故。公兔笼内的食盆、水槽等最好在配种前移至笼外。

(4)配种环境:配种时应将母獭兔放入公兔笼内,切勿将公兔放入母獭兔笼内配种。配种时间春、秋两季,最好安排在上午 8～10 时,夏季利用清晨和傍晚,冬季选在比较暖和的中午进行,喂料前后 1 小时不宜配种,以提高母獭兔的受胎率。

6. 獭兔配种都有哪些方法

獭兔的配种方法有三种,即自然交配、人工辅助交配和人工授精。确定使用何种配种方式,要因时因地因条件而定。

(1)自然交配:这种配种方法实际就是公、母獭兔混养在一起,任其自由交配。采用这种配种方法,优点是配种及时、方法简便、节省人力等;缺点是无法进行选种选配,容易导致近亲交配,使品种退化、毛皮质量下降;由于公、母獭兔在一起饲养,使公獭兔整日追逐母獭兔而过多消耗体力,配种次数过多,精液品质降低,导致受胎率低和产仔数量少;公獭兔与母獭兔之间易引起争斗致伤,影响毛皮和配种;还容易传播疾病,容易引起流产,所以此种配种方法应尽量加以控制。

(2)人工辅助交配:人工辅助交配是目前养兔生产中普遍采用的配种方法,就是将公、母獭兔分笼进行饲养,在母獭兔发情期间,再合笼进行配种。此法与自然交配相比,更能有效地进行选种选配,可有效地避免近亲交配,不断提高兔群质量,有利于保持种公獭兔的性机能和合理安排配种次数,延长种兔的使用年限,有利于防止疫病传播和保证种兔的体质健康。目前这种方法被专业户和国有、集体兔场广泛采用。

在人工辅助交配时,将经检查适宜配种的母獭兔捉入公獭兔笼内。当公、母獭兔辨明性别后,公兔即爬跨母兔,若母兔正处发情盛期,则略逃几步,随即伏卧任公兔爬跨,并抬尾迎合公兔的交配。当公兔阴茎插入母兔阴道射精时,公兔后躯卷缩,紧贴于母兔后躯上,并发出"咕咕"叫声,随即由母兔身上滑倒,顿足,并无意再爬,表示交配完成。此时可把母獭兔捉出,将其臀部提高,在后躯部用手轻轻拍击,以防精液倒流。然后将母獭兔捉回原笼,做好配种记录工作。

如果母獭兔发情不接受交配,但又应该配种时,可以采取强制辅助配种;即用一手抓住母獭兔耳朵和颈皮固定,另一只手伸向母獭兔腹下,举起臀部,以食指和中指固定尾巴,露出阴门,让公兔爬跨交配。或者用一细绳拴住母獭兔尾巴,沿背颈线拉向头的前方,一手抓住细绳和兔的颈皮,另一只手从母獭兔腹下稍稍托起臀部固定,帮助抬尾迎接公兔交配。

(3)人工授精:兔人工授精就是不用公兔直接交配,而是人工采取公兔的精液,经品质检查、稀释后,再输入到母兔生殖道内,使其受胎。其优点在于能充分利用优良种公獭兔,提高兔群质量,迅速推广良种,还可减少种公獭兔的饲养量,降低饲养成本、减少疾病传播,克服某些繁殖障碍,如公母獭兔体型差异过大等,便于集约化生产管理。其缺点是需要有熟练的操作技术和必要的设备等。在大型养兔场或养兔户比较集中的地区均可采用人工授精法,这是目前养兔业中最经济、最科学的配种方法。

①采精方法:采精是人工授精的关键环节,是一项比较复杂的技术。采精时,一般利用硬质塑料或竹筒制成的假阴道,外筒长8~10厘米,内径3~4厘米,内胎可用乳胶指套代替。假阴道在使用前需仔细检查,用75%酒精彻底消毒,然后用生理盐水冲洗数次,采精前从活塞气嘴处灌入50~60℃的温水,水量以占内外壳空间的2/3为宜,采精时的最佳温度为39~40℃。

采精时,为诱发公兔性欲和射精,可用发情母獭兔或兔皮盖住握假阴道的手臂,当假阴道伸向公兔笼内,经训练后的公兔就会爬跨覆盖有兔皮的手臂,将假阴道开口处对准公兔阴茎伸出方向,就可采精。

②精液检查:对采集的精液需要进行品质检查,方可确定是否能用于输精。检查项目有射精量、精液色泽、气味、精子活力、精子密度等。

◎射精量测定:正常公兔每次射精量为1~3毫升。射精量多少一般不作为评定精液品质好坏的指标,但同一只公兔如果各次射精量相差悬殊,就要检查原因。

◎色泽、气味检查:正常精液应呈乳白色,浑浊而不透明。如有其他颜色和臭味,表示精液异常,如色黄则可能混有尿液,色红可能混有血液,这类精液一律不能作人工输精用。

◎精子活力检查:精子活力是评定精液品质好坏的重要指标。正常精子呈直线前进运动,凡呈圆周运动、原地摆动或倒退等都属不正常运动。如用百分率表示,100%呈直线前进运动者可评为"1"级,90%呈直线前进运动者为"0.9"级,80%者为"0.8"级。在生产实践中要求精子活力在"0.6"级以上,方可用于输精。

◎精液酸碱度测定:精液的酸碱度可用精密试纸测定,也可用光电比色计测定。正常精液的酸碱度接近中性,氢离子浓度为31.63～158.5纳摩/升(pH 值 6.8～7.5)。如果酸碱度变化过大,表示公兔生殖道可能有某种疾患,其精液不能用于输精。

◎精子密度测定:一般根据显微镜下精子间距大小来测定。精子间距小,每毫升含精子 10 亿个以上定为"密";精子间距相当于 1 个精子长度,则每毫升含精子 5 亿～10 亿个,定为"中";精子间距超过 2 个以上精子长度,则每毫升精子数在 5 亿个以下,定为"稀"。用于输精的精子密度必须在"中"级以上。

◎精子形态检查:精子形态与受胎率关系很大,畸形精子会明显影响受胎率。正常精子具有一个圆形或卵圆形的头部和一条细长的尾部。畸形精子主要有双头双尾,大头小尾,有头无尾,尾部卷曲等。在正常精液中,畸形精子不应超过 20%。

③精液稀释:精液稀释的主要目的是扩大精液量和延长精液保存时间,稀释倍数一般为 1:(5～10)。配制稀释液应注意用具要清洁、干燥,事先要消毒,蒸馏水、鸡蛋要新鲜,所用药品应纯净可靠,药品称量要准确。药品溶解后过滤,隔水煮沸 15～20 分钟。稀释液和精液要在等温时进行稀释。稀释液要缓慢地沿容器壁倒入盛有精液的容器中,不能反向,否则会影响精子的存活。需高倍(5 倍以上)稀释。常用的稀释液主要有以下三种:

◎柠檬酸钠葡萄糖稀释液:柠檬酸钠 0.38 克,无水葡萄糖 4.54 克,卵黄 1～3 毫升,青霉素、链霉素各 10 万单位,蒸馏水加至 100 毫升。

◎蔗糖卵黄稀释液:蔗糖 11 克,卵黄 1～3 毫升,青霉素、链霉素各 10 万单位,蒸馏水加至 100 毫升。

◎葡萄糖卵黄稀释液:无水葡萄糖 7.5 克,卵黄 1～3 毫升,青霉素、链霉素各 10 万单位,蒸馏水加至 100 毫升。

④输精技术:输精是人工授精的最后一个技术环节。由于獭兔是刺激性排卵动物,因此在输精前应对母獭兔进行排卵处理。常用的方法是肌注促排 3 号 2～5 微克,静注促黄体素 50 单位,静注 1%～1.5%醋酸铜溶液 1 毫升;用结扎了输精管的公兔进行交配刺激。通常在排卵处理后 2～5 小时内,用特制的兔用输精器或用 1 毫升容量的小吸管安上橡皮乳头代替输精器输精。输精前先用生理盐水擦净母獭兔外阴部周围的污物,分开阴唇,输精员将输精管缓缓插入阴道 5～6 厘米,注入稀释后的精液 0.3～0.5 毫升。输精完毕,最好轻拍一下母獭兔臀部或将母獭兔后躯抬高片刻,以防精液倒流。

⑤人工采精、输精的注意事项

◎必须严格进行消毒,实行无菌操作,各种器具均需进行严格消毒。

◎采精时的室温应保持在 15℃以上,假阴道内壁温度要求保持在 40～41℃,稀释液的温度应与精液等温(25～35℃),要防止温度过高过低。

◎输精时动作要轻而缓慢,输精部位要准确。输精前,需将母獭兔外阴部用浸过 1%氯化钠溶液(或 6%葡萄糖液)纱布或棉球擦拭干净。一般最好每只母獭兔用 1 支输精器,以杜绝疾病传播。

7. 如何让母獭兔多产雌仔兔

动物性别控制是一项能显著提高畜牧业经济效益的生物工程

技术。在獭兔皮生产中,母獭兔的皮要比公獭兔的皮高出一个档次。一些兔场在养殖实践中经多次实验,总结出通过以下几种方法可以使獭兔多生雌仔兔:

(1)运用公獭兔交配次数愈多生雌兔愈多的规律,用已连续交配 7 天的公獭兔,在母獭兔发情的第一天或第二天与之交配。

(2)加强母獭兔的运动量,用增加母獭兔肌酸含量使子宫 pH 值下降的办法使母獭兔多生雌兔。母獭兔发情期间,可将其放到大一点的活动空间内,采取追赶、拨动等办法使其频繁活动,处于疲劳状态,然后再进行交配。

(3)在母獭兔配种前 8~12 天,每天在混合料中加葡萄糖 20 克,维生素 E 50 毫克,配种后停喂。

8. 提高獭兔繁殖力的措施有哪些

影响兔繁殖力的主要因素有品种、年龄、个体、营养、配种制度和管理、气温、光照、生殖器官疾病等。为了提高繁殖力,一定要采取相应的措施。

(1)提高公兔配种力的措施

①选择健壮的公兔留种:选取那些性欲强、生殖器官发育良好、睾丸大而匀称且精子活力好、密度大的公獭兔留作种用,及时淘汰单睾、隐睾或患有生殖器官疾病的公獭兔。

②选择遗传性稳定的公兔留种:在鉴定种公獭兔时,除对公兔本身的繁殖性能进行鉴定外,还要根据种兔卡片,评定三代以内的繁殖性能。多次配种不孕或累计受孕率低于 50% 的公兔不宜留作种用。

③合理安排配种次数:一般壮年公兔每天可配种 2~3 次,青年公兔 1~2 次,但连配 2~3 天后应休息 1 天。种公獭兔的使用年限应为 2~3 年,每年必须选留 1/3 以上的后备兔。整个种公獭兔群应以青壮年公兔为主。

④供给全价营养:要保持种公獭兔的良好种用体况,必须供给

73

全价营养,特别是蛋白质、矿质元素和维生素等。在配种季节来临前 15～20 天就应调整日粮,逐渐增加蛋白质饲料和矿质元素、维生素的喂量。如公兔性欲差、配种力低,除加强运动、多晒太阳、合理饮食补充胡萝卜、大麦芽等富含维生素的青料外,兼之口服丙酸睾丸片,每次 1 片,每天 3 次,连用 3～5 天,也可喂服鸡蛋黄,每次半枚,一天 2 次,连用 2～3 天,可以提高公兔性欲和生精能力。

⑤避免近亲繁殖:在獭兔生产中切忌近亲交配,近亲繁殖容易产生死胎、畸形仔兔和后代生活力降低等问题,种兔场应严格建立种兔档案制度,即使是养兔专业户也应做好配种繁殖记录,定期更新种公獭兔。

(2)提高母獭兔受胎率的措施:母獭兔的受胎率直接关系到兔场生产水平的高低和经济效益的好坏。要提高母獭兔的受胎率,必须做好以下工作:

①加强选种:必须选择健康无病、性欲旺盛、不过肥或过瘦的母獭兔留作种用,凡卵巢囊肿、子宫发育不全或患有其他生殖道疾病的必须及时淘汰。留种仔兔最好从优良母獭兔的 3～5 胎中选留,乳头应在 4 对以上。产仔少、受胎率低、母性差、泌乳性能不好的母獭兔不能用于配种繁殖。

②重复配种:正常情况下只要母獭兔发情正常,公兔精液品质良好,交配 1 次即可受孕。但是,为了确保母獭兔妊娠和防止假孕,可在第一次配种后 6～8 小时,再用同一只公兔重复交配 1 次。第一次交配的目的是刺激母獭兔排卵,第二次交配的目的是正式受孕。据试验,重复配种的受胎率可达 95％～100％,产仔数为每胎 6～8 只。重复配种可增加受精机会,尤其是长时间未配过种的公兔,必须实行重复配种,因为这类公兔第一次射出的精液中死精子较多。

③双重配种:1 只母獭兔连续与 2 只不同血缘关系的公獭兔交配,中间相隔时间不超过 20～30 分钟。目的是利用不同公獭兔

74

的精子增加卵子的选择性,同时受精卵因获得了他种精子作为养料,仔兔的生活力强,成活率高。据试验,采用双重配种的受胎率比对照组提高 25%～30%,产仔数提高 10%～20%。

双重配种只适宜于商品兔生产,不宜用于种兔生产,以防弄混血缘。双重配种可避免因公獭兔原因而引起的不孕,可明显提高受胎率和产仔数。在实施中须注意,要等第一只公獭兔气味消失后再与另一只公獭兔交配,否则,因母獭兔身上有其他公兔的气味而可能引起斗殴,不但不能顺利配种,还可能咬伤母獭兔。

另外,在生产中发现有的獭兔养殖户也采取"配血窝"或"血配"方式,这种方式对于獭兔来讲不可取,应禁止。

(3)增加光照:獭兔对光照不苛求,但光照不足会明显影响繁殖性能。据试验,在 20～24℃ 和全暗的环境条件下,每平方米补充 1 瓦光照 2 小时,母獭兔虽有一定的生育能力,但受胎率很低,一次配种的受胎率只有 30% 左右。如果光照增加至每平方米 15 瓦,光照时间延长至 12 小时,则一次配种的受胎率为 50% 左右。在相同光照强度下,如果照射 16 小时,母獭兔受胎率可达 65%～70%,仔兔成活率也可明显提高。因此,增加光照强度和时间能明显提高母獭兔的受胎率和仔兔的成活率。

三、獭兔的选种问题

1. 如何选配獭兔

选配是选择好的公兔和好的母獭兔交配,以获得优良的后代。选配中应该以 1.5～2.5 岁的壮年兔为主。壮年的公兔配壮年的母獭兔、壮年的公獭兔配青年的母獭兔、青年的公獭兔配壮年的母獭兔、壮年的公獭兔配老年的母獭兔。坚决不能采用老年公獭兔配老年母獭兔、青年公獭兔配青年母獭兔;或者老年公獭兔配青年母獭兔,这样相配产生的后代,成活率较低,品质差,影响兔群的质量。

獭兔年繁殖窝数不能太多,否则就不能把种公獭兔、种母獭兔的优良特性传给下一代,品种很快退化。一般年繁殖4~5胎比较合适,营养好、体质好的可繁殖5胎。做种用的仔兔,一窝不宜留得过多,一窝留下5~6只强壮仔兔即可。这样仔兔吃奶不会因哺乳期营养不足而影响仔兔的正常发育,如体重、皮肤的毛囊数量以及仔兔的体质、成活率等。

给选留的种兔标号就像起名字一样,由号码可查出血缘关系,记录一生的表现,是选育的基础工作。

2. 獭兔如何选留种兔

獭兔的选种和其他家畜的选种基本一样,要防止片面选择,不可把着眼点只放在个体的体质、外貌和生产力上,还要重视家系和后裔鉴定,考察其传宗接代的实际效果。目前生产中较为常用的主要有个体选择法、家系选择法、综合选择法三种。

(1)个体选择:个体选择只根据个体本身表型值的高低选留种兔,称为个体选择。这种方法简便易行,在一般情况下,当性状遗传力较高,个体本身有这种性能表现时,用个体选择效果较好。

①体型体重:近年来,体型要求向大型化发展,目的在于增加皮张面积和提高产肉力。在国外,由于向大型化选择,将体型大小的评分鉴定标准,由过去占5%提高到35%。前胸宽壮,腹部紧凑,腰背平直,后胯丰满,体重大皮张也大,产肉也多,经济价值高。8~10月龄以上的成年种獭兔标准体重为3.5~4千克。要求配种的母獭兔体重为3~4千克,公兔体重为3.5~4.5千克。皮张大小是评定毛皮等级的一个重要指标,量皮的方法是从獭兔颈部中间至尾根量其长度,腰间中部量其宽度,长宽相乘即为皮张面积。毛皮质量好,皮张面积在1100平方厘米以上者为一级皮;毛皮质量好,但皮张面积只有900平方厘米以上者为二级皮;毛皮质量好,但皮张面积只有770平方厘米以上者为三级皮。

②头型标准:成年獭兔颊下有明显肉髯,种兔的头要求宽大,与身体结构相称,眼大而有神、无眼泪和眼屎,须眉细而弯曲,眼球颜色应与本系的标准色型一致,两耳直立不下垂,检查耳内有没有结痂,有结痂说明有耳癣,不能留作种用。

③四肢:优良的种兔要求四肢强壮有力,前后肢毛色与躯体的主要部位基本一致,没有八字腿,没有脚皮炎,爪子的长度不超过体毛。

④体质年龄:身体健康没有疾病,肌肉丰满、体质健壮、发育良好。母獭兔初配年龄宜在 6 个月性成熟以后,公兔比母獭兔年长1～2 个月为好。

⑤看生殖系统:购买种公獭兔要看性欲(鉴定方法另有论述),看公兔的睾丸发育是否良好、大小是否匀称,不要买回隐睾或单睾獭兔。阴茎大小适中,形态正常。种母獭兔生殖器正常,奶头在 4 对以上,发育也要好。

⑥看育种档案:要查看一下种兔有没有编号,通过系谱看该兔的父母代是不是纯种,不要近交后代。

⑦毛色标准:要求獭兔毛色纯正、有光泽。以白色为例,要求全身被毛纯白,凡是毛色不纯白,带黄色、铁锈色或杂乱花斑色者,都不宜选作种兔。在皮毛加工时,由于白色皮毛可以染成各种颜色,所以目前市场上白色皮毛需求量最大。

⑧毛皮质量:这是獭兔经济价值最重要的基础,毛皮质量不好,体重再大也不能作种兔。对獭兔毛皮质量要求概括为 6 个字:短、细、密、平、美、牢。"短"指毛纤维要短,标准毛长为 1.3～2.2厘米,理想毛长为 1.6 厘米;"细"指毛纤维较细、粗毛含量较少;"密"指绒毛很密,手感特别丰满;"平"指毛纤维长短一致,毛面平整;"美"指绒毛富有弹性、有光泽、光润油亮、外观华丽;"牢"指毛与皮附着度好,非换毛季节不易脱毛。毛皮质量不符合以上要求者,都不能作种兔。

(2)家系选择：主要根据系谱鉴定，同胞、半同胞测验或后裔测验来选择种兔。

①系谱鉴定：系谱是记载种兔祖先情况的一种资料表格。系谱鉴定对正在生长发育的幼兔，特别是仔兔断奶后需要进行早期留种时尤为适用。根据遗传规律，对子代品质影响最大的是亲代（父、母），其次是祖代、曾祖代。祖先愈远，影响愈小。因此，应用系谱鉴定时，只要推算到二三代就够了。但在二三代内必须有正确而完善的生产记录，才能保证鉴定的正确性。

②同胞、半同胞测验：采用同胞、半同胞测验法进行家系选择所需的时间短，效果好。因为獭兔的利用年限短，采用同胞、半同胞测验，在较短时间内就可得出结果，优秀种兔就可留种繁殖。这种方法能够缩短世代间隔，加速育种进程。同胞、半同胞测验常用于测验遗传力低的性状，如繁殖力、泌乳力和成活率等。凡遗传力低的性状，同胞、半同胞数愈多，则测定效果愈好。

③后裔测验：这是通过对大量后代性能的评定来判断种兔遗传性能的一种选择方法。一般多用于公兔，因为公兔的后代数量、育种影响都大于母獭兔。具体做法是：选择一批外形、生产性能、系谱结构基本一致的母獭兔，在相同的饲养管理条件下，每只公兔至少选配 10～20 只母獭兔，然后根据生长发育、饲料报酬、产肉性能、皮毛品质等性状进行综合评定。

(3)综合选择：种兔的个体鉴定、系谱鉴定、同胞鉴定和后裔鉴定在育种实践中是相互联系而不可分割的，只有把这几种鉴定方法融为一体，才能对种兔做出最可靠的评价。将这几种方法综合起来鉴定和选择种兔，称为综合鉴定。由于种兔的各项性状分别在特定的时期内得以表现，因而对它们的鉴定和选择必然也需分阶段进行。

第 1 次选择：一般在仔兔断奶时进行，主要以系谱和断奶个体重、同窝的同胞姐妹生长发育的整齐度作为选择依据。系谱选择是从系谱中优良祖先的数量考虑,优良祖先数量愈多,则后代获得优良基因的机会就愈多。断奶体重则对以后生长速度有较大的影响。此外,还要配合同窝仔兔生长发育的均匀度进行选择。把符合育种要求的列入育种群,不符合育种要求的列入生产群。

第2次选择:一般在3月龄时进行。鉴定的重点是3月龄体重、断奶至3月龄的日增重和被毛品质等。应选留生长发育快、毛品质好、抗病力强、生殖系统无异常的个体留作种用。淘汰生长慢、毛品质差、有病的个体。

第3次选择:一般在5～6月龄时进行,这是獭兔一生中毛质、毛色表现最标准的时期,又正值种兔初配和商品兔取皮时期。所以,可以生产性能和外貌外形鉴定为主,逐一筛选,合格者进入后备种兔群,不合格者作商品兔取皮。

第4次选择:在8月龄进行。此时兔子的生长发育又较完善,故可对其作外貌鉴定。

第5次选择:一般在1岁左右时进行,主要鉴定母獭兔的繁殖性能,对多次配种不孕的母獭兔应予淘汰。等到母獭兔第二胎仔兔断奶后,根据产仔数、泌乳力等进行综合评定,淘汰母性差、泌乳能力差、产仔数少的母獭兔和有恶癖、性欲差、精液品质不理想的公兔。不过,此时繁殖性能尚不稳定,其数据只能作参考,真正对繁殖性能的选择,重点应放在第2、第3胎分娩之后。

第6次选择:当种兔的后代有生产记录时,则可根据后代品质对种兔再作一次遗传性能的鉴定,把真正优秀者列入核心群,优良者列入育种群,较差者列入生产群。最后选出性能优秀、遗传性稳定中之最佳者。

根据实践经验,选择后备种兔时,一定要从良种母獭兔所产的3～5胎幼兔中选留,开始选留的数量应比实际需要量多1～2倍,而后备公兔最好应达到10∶1或5∶1的选择强度。

对不宜作种的个体应严格淘汰,不能因一时种兔走俏而以劣充优,或进行劣质兔扩繁,影响种兔质量和种兔效益。

3. 如何做好獭兔的育种记录

为正确进行育种工作,每个兔场都必须进行详细的记录和统计工作。这是改进工作、总结经验、发现问题和开展系统育种工作的基础。

(1)个体记录卡:成年公母种兔都应有个体记录卡,一般挂在兔笼前壁上。工作人员应及时把每只公母獭兔的情况分别填写在记录卡中。

(2)种兔卡片:凡成年公母獭兔均应有记载详细的种兔卡片,主要用以记录耳号、系谱、生长发育、繁殖性能、生产性能和各种鉴定成绩等资料。

(3)母獭兔配种繁殖记录:主要记录胎次、配种日期、分娩日期、产仔数、初生重、断奶重等。

(4)种公獭兔配种记录:主要记录种公獭兔的初配年龄、体重、与配母獭兔及配种日期、配种效果等。

(5)青年兔生长发育记录:主要记录出生日期、断奶体重、3月龄体重、6月龄体重和体尺、成年体重等。

第五章　獭兔的饲养管理相关问题

一、不同类型獭兔的饲养管理问题

(一)如何饲养管理种公獭兔

俗话说"公兔好,好一批,母獭兔好,好一窝",种公獭兔饲养的好坏,对后代起着至关重要的作用。因此,必须对公兔进行科学的饲养管理。

1. 如何饲养管理非配种期的种公獭兔

獭兔繁殖虽无明显的季节性,但因气候、饲料等因素的影响,配种繁殖也有淡旺季之分,特别是北方地区配种繁殖多集中在春、秋两季,夏、冬季多为非配种期。

(1)饲养:非配种期的种公獭兔正值恢复体力、养精蓄锐之际,生理负担不重,故只需给予中等营养水平的饲料,使其保持适度膘情,以免体况过肥或过瘦而影响配种期的配种能力。

不少人认为种公獭兔体型越大越好,其实不然。因为种公獭兔的种用价值不在于体型好与坏,而在于配种能力的高与低。种公獭兔体型过大发生脚皮炎的概率增大;性情懒惰,爱静不爱动,反应迟钝,配种能力下降;体型越大,消耗的营养越多,经济上也不合算;体型越大,种用寿命越短。因此,应适当控制种公獭兔的体重。控制体重应采取限饲的方法,禁止其自由采食。切忌喂给适口性差、容积大、水分过多或难以消化的饲料,以免造成腹部过大,或消化不良而抑制种公獭兔的性活动。饲料质量要高,但喂量宜控制在兔吃八成饱,不让过多的营养转变成脂肪。

养兔实践表明,非配种期的种公獭兔日粮应以青绿饲料为主,饲喂量可达每日每只 800～1000 克。另外再搭配少量混合精料,饲喂量为每日每只 30～50 克。冬季可每日每只喂给粗饲料200～500 克,胡萝卜 300～500 克。

饲料的变动对于精液品质的影响很缓慢,故对精液品质不佳的种公獭兔改用优质饲料来提高其精液品质时,要长达 20 天左右才能见效,因此还应着眼于营养上的长期性。对一个时期集中使用的种公獭兔,应注意在配种前 1 个月应补饲胡萝卜、麦芽、黄豆或多种维生素。

(2)日常管理

①单笼饲养:禁止两只成年种公獭兔同笼饲养,也不应将种公獭兔与母獭兔或其他兔同笼饲养,最好使种公獭兔笼远离母獭兔笼,以保证种公獭兔休息,减少体力消耗。

②适当运动:如果条件许可,每周放养 2～3 次,每次运动 1～2 小时,并使其多晒太阳。工厂化养兔可适当加大兔笼尺寸,以增加种公獭兔在笼内的活动场所。

③配种检查:配种前 1 个月要对种公獭兔进行精液检查,对于死精多、受胎率低、疾病严重,无种用价值的要及时淘汰。

2. 如何饲养管理配种期的种公獭兔

配种期的种公獭兔是生理负担最重的时期,除了维持自身的营养需要之外,还要应付配种。为保证种公獭兔的性欲旺盛和精力充沛,在饲养管理中应加强营养,合理使用。

(1)饲养:种公獭兔的配种能力主要决定于精液的数量和质量,而精液的数量和质量均与营养有着密切关系,特别是蛋白质、矿物质和维生素等营养物质。实践证明,平时精液不佳的种公獭兔,如能喂给豆饼、花生饼、麸皮以及豆科饲料如紫云英、苜蓿、苕子等,精液的质量即显著提高。磷为核蛋白形成的要素,亦为制造精液必需物质,日粮中有谷粒及糠麸混入时,磷即不致缺乏,但应注意钙的供给量,钙磷供给量应为(1.5~2)∶1。精料中如能经常配以2%~3%的骨粉、贝壳粉或蛋壳粉等钙作补充料,钙磷就不致缺乏。维生素对种公獭兔的配种能力也有一定影响,青绿饲料中含有丰富的维生素,所以一般不会缺乏,但冬季青绿饲料少,或长年喂饲颗粒饲料时,容易出现维生素缺乏,特别是缺乏维生素A时,就会引起睾丸精细管上皮组织变性,畸形精子数量增加。小公兔的日粮中如维生素含量不足,生殖器官发育不全,睾丸组织退化,性成熟推迟,因此平时应注意饲喂青草、菜叶、胡萝卜、大麦芽或菜叶等饲料。

在配种期间,要相应增加饲料用量,每日每兔的喂量可增加精料为50~100克,青绿饲料为500~600克,每天在精料中加入1~2克食盐和少量蛋壳粉、蚌壳粉等。同时,根据配种的强度,适当增加动物性饲料,以改善精液的品质,提高受胎率,如种公獭兔每天配种2次,在饲料量中需增加30%~50%的精料量,且保证青料供给。

实践观察到,公兔的食欲不如幼兔、母獭兔旺盛。要充分保证种公獭兔的营养需要,在饲料的选择上,应特别注意其消化性、适口性,不宜喂给过多的低浓度、大体积、多水分的粗饲料和多汁饲料。否则,不仅会造成营养不良,还会造成公獭兔腹部膨大,影响配种效果。

(2)日常管理

①控制初配时间:獭兔是早熟家畜,4月龄后即性成熟,但进入正式配种期需要在6~8月龄左右。如果过早配种,不仅影响兔的生长发育,而且影响后代的质量,减少种公獭兔的使用寿命,造成早衰。一般来说,3月龄以后,应及时将留种的后备兔单笼饲养,将那些不留种的公兔及时转入商品兔群。

②配种前检查:配种前应进行健康检查,发现食欲不振,粪便异常,精神委靡等症状应立即停止配种。种公獭兔在换毛期不宜

配种(因为换毛期间,消耗营养较多,体质较差,此时配种会影响兔体健康和受胎率)。

③控制配种环境:配种时,应把母獭兔捉到公兔笼内,不宜把公兔捉到母獭兔笼内进行。因为公兔离开了自己所熟悉的环境或者气味不同都会使之感到突然,抑制性活动机能,精力不集中,影响配种效果。

④控制配种次数:一般商品兔场和专业大户,公母比以1:(8~10)为宜;种兔场应不大于1:5。公兔在配种旺季,使用不能过度,成年公兔每天最多交配2次,连续配种2天休息1天;青年公兔只能日配1次,配种1天应休息1天。如果连续配种,会使公兔过早地丧失配种能力,减少使用年限。禁止把母獭兔放在公兔笼内时间过长,一般配完种1分钟后把母獭兔拿回原笼。也要避免连续15天不配种,这样死精率较高,影响受胎率。

⑤运动:配种期间种公獭兔也要保持多运动,多晒太阳,一般每天要保证2~4小时的户外运动为宜。同时要保持笼舍清洁卫生,勤打扫,勤消毒,控制疾病的发生。

⑥清洁卫生:公兔笼要勤打扫,勤消毒,保持清洁卫生,以防发生各种生殖器官疾病。

⑦剪脚爪:如果大兔脚爪较长可使用果树剪沿脚爪红线前约0.5~1厘米处剪即可。

⑧记录:要有详细配种记录,以便观察每只公兔所产后代的品质,以利于选种选配;好的种公獭兔除加强饲养管理外,还应充分利用其种用性能,使之繁殖更多更好的仔兔,不断提高兔群的质量。

⑨种公兔的淘汰:种公兔利用年限为2~3年,若体质健壮,使用年限可适当延长1年。

(二)种母獭兔的饲养管理问题

母獭兔是兔群的基础,它除了本身生长发育外,还有怀胎、泌乳等负担,母兔体质的好坏,就直接影响到种群的繁育,因此一定要做好母獭兔的饲养管理工作。成年母兔在空怀、怀孕、哺乳三个阶段中的生理状态有着显著的差异。因此,在母兔的饲养管理上,也应根据各阶段的特点,采取相应的措施。

1. 如何饲养管理空怀期的母獭兔

母獭兔的空怀期是指仔兔断奶到再次配种怀孕的一段时期,一般叫做空胎期。这个时期的母獭兔由于哺乳期消耗了大量养分,身体比较瘦弱,需要多种营养物质来补偿和提高其健康水平。所以在这个时期要给以优质的青饲料,并适当喂给精料,以补给哺乳期中落膘后复膘所需用的一些养分,使它能正常发情排卵,以便适时配种受胎,但不能养得过肥。空怀期的母獭兔夏季可多喂青绿饲料,冬季一般给予优良干草、块根类饲料,再根据营养需要适当的补充精料。但配种前15日应转换成怀孕母獭兔的营养标准,使其具有更好的健康水平。

(1)饲养:饲养空怀母獭兔应以青绿饲料为主。在青草丰盛季节,体重3～5千克的母獭兔每天可喂给青绿饲料600～800克,混合精料30～50克;在青草淡季,可喂给优质干草120～180克,多汁饲料100～200克,混合精料40～50克。空怀母獭兔应保持七八成膘的肥度,过肥过瘦都会影响发情、配种,应及时调整日粮中蛋白质和糖类的比例。对过瘦母獭兔应在配种前15天左右增加精料喂量,迅速恢复其体膘;对过肥母獭兔应减少精料喂量,增加运动量。对长期不发情的母獭兔除应改善饲养管理条件外,还可采用人工催情。

(2)管理:对空怀母獭兔的管理应做到兔舍内空气流通,兔笼及兔体要保持清洁卫生,对长期照射不到阳光的兔子要与光照充足的兔子调换位置,以促进机体的新陈代谢。年产4胎的种兔,平均每胎休产期为10～20天;年产7～8胎者就没有休产期,仔兔断奶前就得配种,断奶后就是妊娠期,如果母獭兔体质过于瘦弱,就

85

应适当延长休产期,不能为单纯追求繁殖胎数而忽视母獭兔的健康,严重影响种兔的利用年限。

2. 如何饲养管理怀孕母獭兔

母獭兔自交配到分娩的一段时期叫做怀孕期。在怀孕期间,母獭兔除维持本身生命活动外,胚胎、乳腺发育和子宫的增长代谢增强等方面都需要消耗大量的营养物质。怀孕母獭兔在饲养管理上主要是供给母獭兔全价营养物质,保证胎儿正常发育,加强护理防止流产。所以在母獭兔交配7天后要马上进行怀孕检查,若确实已经受胎的要做好相应的工作。

(1)饲养:饲养妊娠母獭兔,首先要供给全价营养物质,根据母獭兔的生理特点和胎儿的生长发育规律,采取正确的饲养措施。妊娠前期(胚期和胎前期,即妊娠后1~18天),因母体器官和胎儿的增长速度很慢,所需营养物质不多,饲养水平稍高于空怀母獭兔即可。妊娠后期(胎儿期,即妊娠后19~30天),因胎儿生长速度很快,需要营养物质很多,应比空怀母獭兔高1~1.5倍。据测定,体重3千克的母獭兔,妊娠期胎儿和胎盘的总重量可达650克以上,其中干物质为16%,蛋白质为10%,脂肪为4.5%,矿质元素为2%。21日胎龄时,胎儿体内蛋白质含量为8.5%,27日胎龄时为10.2%,初生时为12.6%。由此可见,加强妊娠母獭兔的饲养,提供全价营养,对增进母獭兔健康,促进胎儿发育均有重要作用。

饲养妊娠母獭兔,对膘情较好者可采用先青后精的方法,即妊娠前期以青绿饲料为主,每天每只饲喂800~1000克,另外可补喂混合精料35~40克,骨粉1.5~2克,食盐1克,到妊娠后期再适当增加精料喂量,以满足胎儿生长的需要;对膘情较差的母獭兔,从妊娠开始就应采取"逐日加料"的饲养法,每天每兔除喂给青绿饲料600~800克外,还应补喂混合精料50~70克,骨粉2~2.5克,食盐1克,以迅速恢复体膘,满足母獭兔本身和胎儿生长的需要。但须注意临产前3天应减少精料量,但要多给青饲料。

（2）管理

①妊娠诊断：母獭兔配种后，判断其是否妊娠的技术就是妊娠诊断。在实际生产中妊娠诊断常用摸胎检查法，摸胎检查操作简单，准确率高，熟练掌握摸胎技术，可有的放矢地做好对妊娠母獭兔营养、保胎和接产准备，对空怀母獭兔及时进行补配，增加养兔效益。

摸胎应在母獭兔配种后 8～10 天进行，安排在母獭兔空腹时间进行检查。初学者对胚胎及胎位缺乏了解，可在母獭兔配种后 12～14 天进行，以便于准确鉴定。

摸胎时，先将待查母獭兔放于平板或地面上，使兔头朝向检查者，一只手抓住母獭兔的双耳和颈部皮肤保定好，另一只手使拇指与其余四指呈"八"字形，手掌向上，伸到母獭兔腹下，轻轻托起后腹，使腹内容物前移，五指慢慢合拢，触摸腹内容物的形态、大小和质地，如有触摸到腹内柔软如棉，说明没有妊娠；若触感到有花生大小的肉球一个挨一个，肉球能滑动又富有弹性，这就是胎儿，表明母獭兔已经妊娠。检查过程中，往往个别母獭兔怀胎个数少，检查时需由前向后反复触摸，才能检查出胚胎。

摸胎注意事项：一是早期摸胎，初学者容易把 8～10 天的胚胎与粪球相混淆，粪球多为圆形，表面光滑，没有弹性，在腹腔分布面积大，无一定位置，并与直肠粪球相接。胚胎的位置比较固定，用手轻轻捏压，表面光滑而有弹性，手摸容易滑动。二是摸胎时动作要轻，切忌用手指捏压或捏数胚胎，以免引起流产或死胎。15 天能摸到似鸡蛋黄大小的胎兔，24 天可检查出母獭兔乳房开始肿胀，腹大而下垂。

妊娠诊断未孕者，应及时进行补配，减少空怀母獭兔，以提高母獭兔繁殖力。

②獭兔的妊娠期：公母獭兔交配后，在母獭兔生殖器官中，受精卵发育开始至分娩的整个时期称为妊娠期。獭兔的妊娠期为

30～35 天,一般为 30 天,产仔少时,妊娠常延长 1～2 天,妊娠时间超过 35 天以上者多为死胎。

③精心护理防流产:母獭兔流产,一般多在怀孕后 15～20 天内发生。引起流产的原因可分为营养性、机械性和疾病性等。营养性流产多因营养不全,突然改变饲料,或因饲喂发霉变质、冰冻饲料等引起;机械性流产多因捕捉、惊吓、挤压、摸胎方法不当等引起;疾病性流产多因巴氏杆菌病、沙门菌病、密螺旋体病及其他生殖器官疾病等引起。为了杜绝流产的发生,母獭兔妊娠后必须 1 兔 1 笼,防止挤压;不要无故捕捉,摸胎动作要轻;饲料要清洁、新鲜,不要任意更换;发现有病母獭兔应查明原因,及时治疗。

母獭兔流产亦如正常分娩一样,要衔草拉毛营巢,但产出来未形成的胎儿多被母獭兔吃掉。为了防止流产,不能无故捕捉母獭兔,特别在怀孕后期要倍加小心。若要捕捉,应该用两只手操作,一手抓颈部,一手托臀部,并保持兔体不受冲击,轻拿轻放。兔笼附近不可大声惊吵,保持安静。到怀孕 15 天后,应单笼饲养。如若因条件所限,在怀孕母獭兔舍内又养有其他各种獭兔(哺乳兔、幼兔、中兔、成兔)时,在每天喂料时应先喂怀孕母獭兔,尤其是怀孕后期的母獭兔。兔笼应干燥,冬季最好喂饮温水,饲料质量要好,忌喂霉烂,要禁止触顶腹部。

④做好产前准备工作:集体兔场母獭兔大多是集中配种,集中分娩。因此,最好将兔笼进行调整。对怀孕已达 25 天的母獭兔均调整到同一兔舍内,以便于管理;兔笼和产箱要进行消毒,消毒后的兔笼和产箱应用清水冲洗干净,消除异味,以防母獭兔乱抓或不安。一般在临产前 3～4 天就要准备好产仔箱,经清洗、消毒后在箱底铺垫 1 层晒干、柔软的干草,临产前 1～2 天放入笼内,让母獭兔熟悉环境,便于衔草、拉毛筑窝,产房应有专人负责,冬季室内要防寒保温,夏季要防暑防蚊。

母獭兔分娩前后 3～5 天,要适当减少精饲料的喂量,多喂些含水量多的青绿多汁饲料,如胡萝卜、南瓜、冬瓜、菜花叶、各种野菜,一是加强胃肠的蠕动,防止便秘;二是促使乳汁的增多,同时增加饮水量。

3. 如何管理分娩母獭兔

母獭兔怀孕期一般为29~31天,怀孕20天左右时,将背部及颈部的毛剪去。到25天后应把产箱移入兔笼中,箱内铺上短的柔软干草,任由母獭兔衔草营巢。

(1)饲养:母獭兔分娩前后3~5天,要适当减少精饲料的喂量,多喂些含水量多的青绿多汁饲料,如胡萝卜、南瓜、冬瓜、菜花叶、各种野菜,一是加强胃肠的蠕动,防止便秘;二是促使乳汁的增多,同时增加饮水量。

母獭兔产前3~5天要对产箱检查、消毒,然后放垫草,让母獭兔熟悉环境,母獭兔开始叼草、拉毛,出现分娩表现时,可促使母獭兔加强活动,顺利分娩。

(2)管理

①分娩预兆:母獭兔在分娩前数天乳房开始肿胀,并可挤出少量乳汁,外阴部肿胀、红润,阴道黏膜湿润,尾根和坐骨韧带松弛,食欲下降,甚至拒绝采食,临产前1~2天或数小时,开始衔草做窝,并将胸部周围的毛拉下,叼入窝内铺垫。拉毛可以刺激乳腺的发育,是一种正常的生理现象,据研究,毛拉得早、拉得多的兔其泌乳性能好。头胎兔有时不会自己拉毛,要协助其拉毛。因初产母獭兔往往不会咬毛,泌乳则较少,对此,可以人工辅助拔毛刺激乳腺分泌,同时可使仔兔容易找到乳头。

②分娩过程:分娩时子宫肌在缩宫素作用下发生节律性收缩,母獭兔呈犬坐姿势,腹阵缩,阴唇努责,并有淡血色液体流出,胎儿连同羊水、血污、衣胞、胎盘一并产出。产下一个胎儿,母獭兔就吃掉仔兔体上衣胞、胎盘,并咬断脐带,直到产完。母獭兔在产仔过程中不断用舌舔仔兔身体,仔兔很快觉醒吸吮母乳,母獭兔边产仔

兔,边喂仔兔奶水,经 20～30 分钟完成产仔和喂乳过程后,跳出产箱,大量饮水,若无水则多数回头吃食仔兔。为了防止母獭兔找不到水而吃仔兔,在母獭兔有分娩表现时就要准备好充足的饮水或麸皮汤放入产房内,以防母獭兔食仔。母獭兔吃胎盘为正常现象,无不吉利之说,相应奶水好。仔兔吸奶水为乳头不定位,轮换式吸奶。

③产后护理:产仔结束后,可将仔兔轻轻取出,重新整理窝巢,拣出弄脏的污毛、污草,加入柔软的垫草或清洁的旧棉絮,清点仔兔数目,并在吃奶前称其初生重,最后将仔兔放入巢箱,盖好兔毛,防止冻坏仔兔。还应防止猫、狗及鼠等动物的伤害。最后应做好记录,作为选种选配的参考。

④预防乳房炎:产后第二、第三天为预防乳房炎的发生,可口服新诺明片 2 片,连用 3 天,或肌内注射 800 万国际单位青霉素,每天 2 次,可预防乳房炎的发生。根据母獭兔产仔多少,乳汁多少适当增、减青绿饲料的喂量。

⑤清扫笼舍:兔舍要清洁卫生、干燥、通风、透光,以保证母獭兔健康,促进奶的分泌。

⑥营养不良的母獭兔产后应及时调整日粮和带仔只数:根据不同情况分别对待,细心观察,经常检查,发现问题及时采取措施。

⑦发现仔兔落于巢箱外或笼底下冻僵,应立即抢救:具体的作法是把冻僵的仔兔放入 42℃的温水中(使头部露出水外),待仔兔体温恢复正常,体色由紫变红,四肢开始活动后,取出仔兔用软毛巾擦干水分,立即放入已经预热的巢箱中。

(3)异常情况的处理

①难产的处理:一般母獭兔分娩需 20 分钟。分娩时背部拱起,前肢微曲,后肢稍抬,头部向前顾盼,努责。超过 20 分钟以上,仍不见产出仔兔,或产下 1～2 只仔兔,母獭兔表现不安,在笼内不停走动、下蹲、努责,呈惊恐状,有的从阴道流出带血污的分泌物,

最后衰竭伏卧不动,触摸腹部有胎儿时属难产。采取相应的救助措施,即可转危为安。

◎怀孕母獭兔妊娠期达到 31～32 天,如不能正常顺产,可肌注缩宫素 0.5～0.7 毫升,以避免因高温母獭兔缺氧而造成死胎。

◎严重时用缩宫素大多无效,剖腹产又因技术、设备等条件限制,往往不易实施,而采用助产法则比较奏效。方法是以助手抓住母獭兔颈部和臀部,使兔仰卧手术台上翻开外阴,可见胎儿头部。术者左手在腹部捏住胎儿,右手用手术镊子钳住胎儿外露部分,徐徐拉出,然后用输精器输入子宫内 40 万～80 万单位青霉素,以防感染。如子宫口已闭合,可肌注缩宫素后再进行处理。产后如发现子宫肿硬,应继续输入子宫内青链霉素,每天 1 次,必要时同时肌注青链霉素 20 万单位,每天 2 次,该母獭兔要待一切恢复正常后,才能再行配种。

◎必要时可行剖腹产手术。助手将兔右(或左)侧卧或仰卧保定。术部剪毛、消毒。在预定切口部位用 0.5%～1%盐酸普鲁卡因溶液 6～10 毫升做浸润麻醉,或肌内注射速眠新溶液(846 合剂)0.3～0.8 毫升做全身麻醉。

手术切口选择在腹部触诊胎儿最明显处。右侧保定时,可在左侧肷部开刀。若仰卧保定,其切口在耻骨与脐之间即倒数第1～3 对乳头之间、腹白线旁 1 厘米处。避开乳头依次切开皮肤、肌肉(或钝性分离)和腹膜。切口以少出血、易取胎和污染机会少为原则(长约 5～7 厘米)。左手食、中指伸入腹腔,将两怀孕子宫角缓慢拉出切口外,在最靠近子宫体的胎儿处的子宫角大弯处切开子宫(这样有利于取出第 2～3 仔及对侧子宫角内的胎儿),进行取胎。最好是先拉出一侧子宫角处理完后送回腹腔,再拉出另一侧子宫角,以同样方法处理,应尽量减少子宫角在外界暴露的时间。

取胎结束后,用灭菌纱布将子宫角内的羊水、污血排除干净,并注入氯霉素注射液 2 毫升或其他抗生素,以两层缝合法缝合子宫壁,第一层用全层连续螺旋缝合法,第二层用连续内翻缝合法。若母獭兔因骨盆畸形或太小而引起的难产,应顺手结扎输卵管做绝育手术或摘除两侧卵巢。肌肉、腹膜可用 1 号丝线缝合,皮肤用 4 号丝线缝合后,涂以 5%的碘酊,并用纱布包扎好伤口。

术后给母獭兔周到照料,喂给易消化食物,让其在清洁、干净、暖和、舒适的笼箱内。每天肌注青霉素 2 次,每次 15 万~20 万单位,连用 3~4 天。也可内服复方新诺明,每天 2 次,每次 1 片,连用 3~5 天。术后 7~8 天拆线。

②子宫脱出的处理:子宫脱出是母獭兔在分娩后很短时间内发生子宫翻至体外的一种产后疾病。

母獭兔分娩后很短时间,子宫内翻,从阴道脱出。在阴户外可见到大小不等的柔软而有弹性的形似肠管的两个子宫角。开始色泽鲜红,而后呈青紫色或暗红色。时间稍长,黏膜水肿、变厚,极易破裂出血。外面常附有兔毛、粪渣及草屑,有的部分黏膜发生溃疡和坏死。病情严重者可见患兔体温升高,精神沉郁,食欲减少和呼吸增快等明显症状。治疗不及时,可导致兔失去繁殖能力(子宫炎、阴道炎、屡配不孕),甚至发生死亡。

◎整复:用温的 0.1%高锰酸钾溶液,或 0.1%新洁尔灭溶液,或 3%明矾水溶液等清洗子宫黏膜上的粪便、被毛、褥草及其他污物。若脱出时间较长,子宫严重淤血、肿胀,可用浓盐水清洗,使其脱水,以便整复。然后在子宫黏膜上撒上少量青霉素粉或链霉素粉或涂碘甘油等。助手提起患兔的两后肢,倒立固定患兔,为防止疼痛性休克和顺利整复复位,取 2%盐酸普鲁卡因注射液 0.5 毫升经消毒后行百会穴注射,再取 0.5%的盐酸普鲁卡因液于两侧外阴门基部各注射 1 毫升。术者一手轻轻托起脱出的子宫,一手细心地将脱出的子宫从四周缓慢轮换推入腹腔。再提起后肢将患兔左右摇摆几次,拍击患兔臀部,促使子宫复位。

另一种方法是:术者将磨光的竹筷涂上润滑油,顶在子宫脱出部的尖端,小心地往回送,待送进2/3时,抽出竹筷继续推送,子宫全部送入后再抓住兔的后腿轻轻地抖动几下,以利子宫复位。为防止再次脱出,对阴门做1～2针结节缝合。脱出子宫损伤严重、组织失活或不能整复时,可做卵巢子宫的全切除术。

◎药物治疗:促进子宫复位,可肌注催产素5～10单位。除局部涂抹抗生素外,全身给予抗生素3～5天,以防感染和败血症的发生。

◎子宫切除术:助手坐在凳上倒提病兔两后肢,双腿夹住前躯,将其保定好。术者先用0.1%新洁尔灭清洗消毒子宫及阴道,在子宫颈上4厘米处用2%普鲁卡因2毫升分点注射,再于2厘米、3厘米处分别以针线结扎子宫,在两股线间切除子宫,切口黏膜、肌肉先行一次连续缝合,然后再内翻缝合。将残端子宫及阴道还纳入腹腔,同时放入妇炎灵1粒(0.1克)。术后青霉素、链霉素各25万单位混合后一次肌注,每天2次,连用3天;静注10%葡萄糖10毫升,维生素C 250毫克,复方氯化钠20毫升,每天1次,连用3天。

妊娠期间,应满足母獭兔对蛋白质、钙、磷的需要;要注意适当运动和光照;注意预防寄生虫病和生殖器官疾病。产仔期间,要精心护理母獭兔,一旦发现子宫脱出,应尽快采取措施。

③母獭兔产后瘫痪:多发生于产后2～5天,且产仔率较高的母獭兔和饲养管理条件较差的兔场多发本病。患兔精神委靡,食欲下降,消瘦。初期粪便少而干硬,继而停止排粪、排尿,泌乳量减少以至于停止。发病初期两后肢之一或两肢同时发生跛行,行走困难,不愿活动。后期严重时后肢麻痹,行走靠两前肢爬动以拖动后肢。发病时,应立即采用补充糖、钙和恢复肌肉、神经机能等措施;10%葡萄糖酸钙30毫升,肌内注射,每日2次,连用5天;口服复合维生素B片,每次0.25克,每日1次,连用4天,以恢复和促进神经机能。对有便秘症状的病兔,可采取灌服硫酸镁溶液或直

93

肠灌注植物油的方法,以润肠通便、清除积粪。同时,还可用松节油涂擦病兔患肢,达到促进血液循环、驱除风寒湿气的功效。

防治本病应以预防为主,同时加强饲养管理,保持兔舍干燥、通风,避免潮湿,并做到定期消毒。要喂给怀孕母獭兔易于消化和营养丰富的饲料,并保证饲料中含有充足的钙、磷和维生素等营养物质。保证母獭兔适度运动,增强体质,使怀孕母獭兔保持良好的体况。

4. 如何饲养管理哺乳母獭兔

母獭兔自分娩到仔兔断奶,这段时期为哺乳期。

(1)饲养:哺乳期的母獭兔每天可分泌乳汁 60~150 毫升,高产的母獭兔日泌乳可达 150~250 毫升,甚至高达 300 毫升。哺乳母獭兔为了维持生命活动和分泌乳汁,每天都要消耗大量的营养物质,而这些营养物质,又必须从饲料中获得。如果所喂饲料不能满足哺乳母獭兔的营养需要,就会动用体内贮存的大量营养物质,从而降低母獭兔体重,损害母獭兔健康,影响泌乳量。因此,哺乳母獭兔的饲养水平应高于空怀母獭兔和妊娠母獭兔,特别要保证足够的蛋白质、矿质元素和维生素。夏、秋季节的饲料可以青绿饲料为主,每天每兔可饲喂青绿饲料 1000~1500 克,混合精料 50~100 克;冬、春季节,每天每兔可饲喂优质干草 150~300 克,青绿、多汁饲料 200~300 克,混合精料 50~100 克。另外,在兔奶中水分含量高,要多出奶,还必须供给充足清洁的饮水,以满足哺乳母獭兔对水分的要求。

饲养哺乳母獭兔的好坏,一般可以根据仔兔的生长和粪便情况进行辨别。母獭兔泌乳旺盛,仔兔吃饱后腹部胀圆,肤色红润光亮,安睡不动;如果母獭兔泌乳不足,则仔兔腹部空瘪,肤色灰暗无光,乱爬乱抓,经常发出"吱吱"叫声。另外,如产仔箱内清洁、干燥,很少有仔兔粪尿,则说明哺乳正常,饲养很好;如产仔箱内积留尿液过多,则说明母獭兔饲料中含水量过高;如粪便过于干燥,则说明母獭兔饮水不足;如果饲喂发霉变质饲料,还会引起仔兔消化不良,甚至下痢。

目前,有些养兔场采用母獭兔与仔兔分开饲养、定期哺乳的方法,即平时将仔兔从母獭兔笼中取出,安置在适当地方,哺乳时将仔兔送回母獭兔笼内,分娩初期可每天早晚各哺乳 1 次,每次 10～15 分钟;20 日龄后可每天哺乳 1 次。采用这种饲养方法的优点是可以了解母獭兔的哺乳情况,及时调整饲养水平。

(2)管理

①每天要清理兔笼舍,换除肮脏垫草,每周应消毒兔笼,更换垫草,饲喂用具每次喂料都要洗刷干净,以保持其清洁卫生防止乳房炎。引起哺乳母獭兔乳房炎的原因很多,有母獭兔泌乳过多,仔兔太少,乳汁过剩引起的。

②母獭兔产后 5 日内每天泌乳量 100～120 克,以后逐日增加,至产后 21 天泌乳量达最高峰,每天泌乳量达 700 克左右,产后 28 日以后泌乳也迅速下降。

对于产后无乳或少乳的母獭兔,应区别不同情况有针对性的催乳,切不可乱用催乳剂。

◎初产母獭兔:初产母獭兔缺乳多由泌乳系统发育不充分或母性不强、产前未拉毛或饲料营养缺乏、供应不足所致。因此对于初产母獭兔应加强营养、调整饲料结构,未拉毛的母獭兔,将其乳头周围的毛拉光,以刺激乳腺。也可用温淡盐水擦洗乳房后,按摩 1～2 次,促进乳腺发育和泌乳。另外,取花生米 7～8 粒,用温水浸泡 1～2 小时后拌料喂兔,连喂 2～3 次,乳汁会明显增多。

◎经产母獭兔:经产母獭兔缺乳多因乳房炎或其他疾病所致。因此对于经产母獭兔减少精料喂量,多喂青绿多汁饲料。用新鲜蒲公英、车前草、黄芪、王不留行等喂兔,连喂 2～4 天。

◎肥胖母獭兔:母獭兔过肥也会导致泌乳减少或缺乳。因此对于肥胖母獭兔取促乳素皮下注射 1～2 毫升,每天 2 次,并适当降低饲料能量和蛋白质水平。

◎瘦弱母獭兔:瘦弱母獭兔缺乳多因营养不良或患病所致。因此对于瘦弱母獭兔加喂营养丰富、蛋白质含量高的草料。同时取鲜蚯蚓1~2条用开水泡至发白,切碎拌红糖喂兔,每天1~2次;也可将蚯蚓晒干粉碎拌入饲料中喂兔。

◎多崽母獭兔:母獭兔产崽超过乳头数,其乳汁难以满足仔兔的需要。因此母獭兔产仔超过8只时,最好留下7只,多余的仔兔给它们去找寄母。

有母獭兔泌乳不足,仔兔过多,引起争食而咬伤乳头造成的。所以要有针对性地加以及时防治,对于泌乳过多而产仔少者,可采取寄养法;对于奶水不足的母獭兔,可加喂黄豆、米汤或红糖水,也可喂给催乳片。另外要做好夏季的防暑和冬季的保暖工作。

③生产实践证明,把生产多的仔兔寄养给生仔少的母獭兔,母獭兔第二胎可产仔数量明显增加。

5. 如何选留经产母兔

在1岁左右母兔繁殖3~4胎以后进行,根据前三胎的受配性、母性、产(活)仔数、泌乳力、仔兔断奶体重,断奶成活率等情况,公兔根据性欲、精液品质、与配母兔的受胎率及其后裔测定结果评定,选出外貌特征明显、性能优秀、遗传稳定的种兔,淘汰不合格的母种兔。

种母兔利用年限为2~2.5年,根据记录各方面都优秀者,使用年限可适当延长1年。

(三)仔兔的饲养管理问题

从出生到断奶这段时期的兔称为仔兔,这一时期可视为獭兔由胎生期转至独立生活的一个过渡阶段。仔兔出生前在母兔子宫内,温度恒定,一旦出生,温度明显降低,仔兔刚初生体表还没长毛,调节温度能力又差,一旦不适容易发病;初生前仔兔靠母兔血液提供营养,肠胃没有消化活动,出生后完全依靠肠胃消化母乳为生,此时一旦供乳不足,或乳汁不洁,便出现拉稀死亡;仔兔在母兔子宫内安静、安全,一旦产出生在巢箱内,躺卧在垫草和毛的粗糙环境,又易受鼠、蚊蝇的骚扰,容易发病死亡。

仔、幼兔阶段生长发育好,对增加皮用兔的板皮张幅,毛、皮兔的毛囊密度,提高其毛皮质量和产毛量,均有明显的影响。由此看出,养好仔、幼兔是增加兔产品数量,降低饲养成本,提高产品质量和养兔效益的关键。仔兔饲养管理,依其生长发育特点可分睡眠期、开眼期两个阶段。

1. 仔兔睡眠期的管理

从仔兔出生到 12 日龄左右为睡眠期。刚出生的仔兔,体表无毛,眼睛紧闭,耳孔闭塞,体温调节能力很差,消化器官发育尚不完全,如果护理不当,很容易死亡。

(1)饲养:睡眠期的仔兔,生长发育很快,初生体重仅 45～60 克,1 周龄体重可增加 1 倍左右,10 日龄体重可达初生重的 3 倍以上。幼兔出生前尽管可以通过母体胎盘获得一部分免疫抗体,但是从母乳中增加免疫球蛋白含量仍然是很重要的。另外因兔奶营养丰富,又是仔兔初生时生长发育的直接来源,所以应保证初生仔兔早吃奶、吃足奶。而经常处于饥饿状态的仔兔,往往生长发育不良,死亡率很高。特别是母獭兔产后 1～2 天内分泌的初乳,营养丰富而又具轻泻作用,有利于促进仔兔生长,排尽胎粪。因此,应设法使仔兔尽早吃上初乳。

仔兔吃饱奶时,安睡不动,腹部圆胀,肤色红润,被毛光亮;饿奶时,仔兔在窝内很不安静,到处乱爬,皮肤皱缩,腹部不胀大,肤色发暗,被毛枯燥无光,如用手触摸,仔兔头向上窜,"吱吱"嘶叫。仔兔在睡眠期,除吃奶外,全部时间都是睡觉,仔兔的代谢很旺盛,吃下的奶汁大部分被消化吸收,很少有粪便排出来。因此,睡眠期的仔兔只要能吃饱奶、睡好,就能正常生长发育。

(2)管理:在仔兔出生后 6～10 小时内,须检查母獭兔哺乳情况,发现没有吃到奶的仔兔,要及时让母獭兔喂奶。检查仔兔是否吃到足量的奶,是仔兔饲养上的基本工作。但是,在生产实践中,初生仔兔吃不到奶的现象常会出现,这时必须查明原因,针对具体情况,采取有效措施。

①防寒保暖:仔兔出生后全身无毛,生后4~5天才开始长出茸茸细毛,这个时期的仔兔对外界环境的适应力差,抵抗力弱,极易引起受冻死亡。对睡眠期的仔兔,窝温不宜低于30℃,室温不低于15℃。凡见仔兔皮色发青,在窝内不停窜动时,均表明巢内温度过低,须及时调整。保温,各地可根据实际情况,因地制宜创造一个适于仔、幼兔生长的小环境。如用空调、热炕、火墙等。但在南方炎热的夏季,亦应注意舍内降温,取出部分巢箱内的垫草和覆盖的兔毛,以保证窝温不超过40℃。

②寄养:仔兔在生产实践中经常出现有些母獭兔产仔多,有些母獭兔产仔少。为此,仔兔出生后7天内必须做好仔兔的调整寄养工作。一般泌乳正常的母獭兔可哺育仔兔6~7只,其方法是将出生日期相近的仔兔(以不超过2~3天为宜),从巢箱内拿出,按体型大小、体质强弱分窝;然后在仔兔身上涂上被带母獭兔的尿液,以防被母獭兔咬伤或咬死;最后把仔兔放进各自的巢箱内,并注意母獭兔哺乳情况,防止意外事情发生。调整仔兔时,必须注意:两个母獭兔和它们的仔兔都是健康的;被调仔兔的日龄和发育与其母獭兔的仔兔大致相同;要将被调仔兔身上粘上的原巢箱内的兔毛剔除干净;在调整前先将母獭兔离巢,被调仔兔放进哺乳母獭兔巢内,经1~2小时,使其粘带新巢气味后才将母獭兔送回笼巢内。如若母獭兔拒哺调入仔兔,则应查明原因,采取新的措施,如重调其他母獭兔或补涂母獭兔尿液,减少或除掉被调仔兔身上的异味等。

③强制哺乳:有些母獭兔护仔性不强,尤其是初产母獭兔,产仔后拒绝哺乳,使仔兔缺奶挨饿,如不及时处理,就会导致仔兔死

亡。强制哺乳的方法是将母獭兔固定在巢箱内,使其保持安静,将仔兔分别安放在母獭兔的每个乳头旁,嘴顶母獭兔乳头,让其自由吮乳,每日强制 1～2 次,连续 3～5 日,母獭兔便会自动喂乳。

④人工哺乳:如果仔兔出生后母獭兔死亡、无奶或患乳房炎等疾病不能哺乳或无适当母獭兔寄养时,可采用人工哺乳。人工哺乳可用牛奶、羊奶或炼乳等代替(1 周内加水 1～1.5 倍,1 周后加水 1/3,2 周后可用全奶)。也可用豆浆、米汤加适量食盐代替,温度保持在 37～38℃。人工哺乳的工具可用玻璃滴管、注射器、塑料眼药水瓶,在管端接一乳胶自行车气门芯即可。喂饲以前要煮沸消毒,冷却到 37～38℃时喂给。每天 1～2 次。喂饲时要耐心,在仔兔吸吮同时轻压橡胶乳头或塑料瓶体。但不要滴入太急,以免误入气管呛死。不要滴得过多,以吃饱为限。

⑤防止"吊乳":"吊乳"是养兔生产实践中常见的现象之一。主要原因是母獭兔乳汁少,仔兔不够吃,较长时间吸住母獭兔的乳头,母獭兔离巢时将正在哺乳的仔兔带出巢外;或者母獭兔哺乳时,受到骚扰,引起惊慌,突然离巢。吊乳出巢的仔兔,容易受冻或踏死,所以饲养管理上要特加小心,当发现有吊乳出巢的仔兔应马上将仔兔送回巢内,并查明原因,及时采取措施。如是母獭兔乳汁不足引起的"吊乳",应调整母獭兔日粮,适当增加饲料量,多喂青料和多汁料,补以营养价值高的精料,以促进母獭兔分泌出质好量多的乳汁,满足仔兔的需要。如果是管理不当引起的惊慌离巢,应加强管理工作,积极为母獭兔创造哺乳所需的环境条件,保持母獭兔的安静。如果发现吊在巢外的仔兔受冻发凉时,应马上将受冻仔兔放入自己的怀里取暖。或将仔兔全身浸入 40℃温水中,露出口鼻呼吸,只要抢救及时,措施得法,大约 10 分钟后便可使被救仔兔复活,待皮肤红润后即擦干身体放回巢箱内。

⑥防止鼠害:仔兔出生后 4～5 天内最易遭受鼠害,有时会发生全窝仔兔被老鼠残食的现象。应特别注意将兔笼、兔窝严密封

闭,勿使老鼠入内。在无法堵塞笼、窝漏洞的情况下,可将巢箱统一编号,晚间集中防护,日间送回原笼,定时哺乳。

2. 仔兔开眼期的管理

仔兔开眼之后就要经历出巢、补料、断奶等阶段,这是养好仔兔的第二个关键时期。

(1)饲养:仔兔生后 12 天左右开眼,从开眼到离乳,这一段时间称为开眼期。仔兔开眼迟早与发育很有关系,发育良好的开眼早。仔兔若在生后 14 天才开眼的,体质往往很差,容易生病,要对它加强护养。仔兔开眼后,精神振奋,会在巢箱内往返蹦跳;数日后跳出巢箱,叫做出巢。出巢的迟早,依母乳多少而定,母乳少的早出巢,母乳多的迟出巢。此时,由于仔兔体重日渐增加,母獭兔的乳汁已不能满足仔兔的需要,常紧追母獭兔吸吮乳汁,所以开眼期又称追乳期。这个时期的仔兔要经历一个从吃奶转变到吃固体饲料的变化过程,因为仔兔胃的发育不完全,如果转变太突然,常常造成死亡。所以在这段时期,饲养重点应放在仔兔的补料和断乳上。实践证明,抓好、抓紧这项工作,就可促进仔兔健康生长,放松了这项工作,就会导致仔兔感染疾病,乃至大批死亡,造成损失。仔兔 16 日龄,就开始试吃饲料,此时就可开始补料,喂给少量营养丰富而容易消化的饲料,如豆浆、豆渣和切碎的幼嫩青草、菜叶等。20 日龄后可加喂麦片、麸皮和少量木炭粉、维生素、矿质元素及呋喃唑酮和大蒜、洋葱等消炎、杀菌、健胃药,以增强体质,减少疾病。

(2)管理:开眼期的仔兔是比较难养的时期,在管理方面应抓好以下几项工作。

①仔兔开眼时要逐个检查,发现开眼不全的,可用药棉蘸取温开水洗净封住眼睛的黏液,帮助仔兔开眼。

②仔兔胃小,消化力弱,但生长发育快,根据这些特点,在喂料时要少喂多餐,均匀饲喂,逐渐增加。一般每天喂给 5～6 次,每次量要少一些,在开食初期哺母乳为主,饲料为辅;到 30 日龄时,则

转变为以饲料为主,母乳为辅,直到断乳。在过渡期间,要特别注意缓慢转变的原则,使仔兔逐步适应,才能获得良好的效果。

③仔兔生后18天左右,便出箱找草料吃,建议生后15天将巢箱放入笼内,使母仔同吃草料,不仅可向母兔学习吃食方法,又可得到母亲保护。特别注意喂仔兔料槽应长、窄而矮,不宜过小、过高,否则仔兔采食困难,或横卧槽中,造成采食不均,大小不匀,影响发育和成活。刚开始2天以青饲料为宜。

④抓好仔兔的断奶,仔兔在断奶前要做好充分准备,如断奶仔兔所需用的兔舍、食具、用具等应事先进行洗刷与消毒,断奶仔兔的日粮要配合好。獭兔仔兔一般在35日龄左右,体重0.6千克,就可断奶。过早断奶,仔兔的肠胃等消化系统还没有充分发育形成,对饲料的消化能力差,生长发育会受影响。在不采取特殊措施的情况下,断奶越早,仔兔的死亡率越高。根据实践观察,30天断奶时,成活率仅为60%;40天断奶时,成活率为80%;45天断奶,成活率为88%;60天断奶时成活率可达92%。但断奶过迟,仔兔长时间依赖母獭兔营养,消化道中各种消化酶的形成缓慢,也会引起仔兔生长缓慢,对母獭兔的健康和每年繁殖次数也有直接影响。

为减少仔兔因断奶而发生"应激并发症",工厂化兔场多用全进全出方式断乳,在断乳时,将仔兔成批的移至幼兔饲养间,在养兔规模较小的情况下,断乳时可将仔兔留在原笼,而将大母兔移走,此即所谓原笼断乳法。以防因改变仔兔环境而造成患病死亡。据试验观察,原笼断乳可提高成活率10%～15%,而且生长速度快而稳定。

⑤仔兔开食后,粪便增多,要常换垫草,并洗净或更换巢箱,否则,仔兔睡在湿巢内,对健康不利。要经常检查仔兔的健康情况,察看仔兔耳色,如耳色桃红,表明营养良好;如耳色暗淡,说明营养不良。据实践经验,此时仔兔不宜喂给含水分高的青绿饲料,否则容易引起腹泻、胀肚而死亡。

⑥仔兔开眼以后,就进入第二个成长阶段,这一阶段要历经出巢(产仔箱)、补料、断奶等环节,这是养好仔兔关键时期。这一时期的防病重点是防腹泻、防球虫和防呼吸系统病。

⑦第一次选留种兔:第一次选择在仔兔断奶时进行。除了按照系谱选择一定的性别比例外,主要考虑断奶体重和健康状况。凡是被毛光亮、活泼好动,食欲旺盛、"九窍"(耳、鼻、眼、口、肛、阴孔等)干净,尤其是肛门干净的,都可作为选择的对象,差的个体归为商品兔生产群。

3. 如何对仔兔进行性别鉴定

初生仔兔,可通过观察其阴部孔洞形状和肛门之间的距离判断性别。操作时将手洗净拭干,把仔兔轻轻倒握在手中,头部朝手腕方向,细细观察,后用食指向背侧压住尾部,用两手的拇指压下阴部,翻出红色的黏膜即可。阴部孔洞扁形而略大,与肛门大小接近,距肛门较近者为母兔;孔洞圆形,略小于肛门,距肛门较远者为公兔。阴部前方有一对白色的小颗粒,为阴囊的雏形,是公兔;没有的则是母兔。

当仔兔开眼后,可检查生殖器官。即用右手抓住仔兔耳颈,左手以中指和食指夹住兔尾,大拇指轻轻向上推开生殖器,若局部为"O"形,下为圆柱体者是公兔;局部呈"V"形,下端裂缝延至肛门者为母兔。

(四)幼兔和青年兔的饲养管理问题

1. 如何饲养管理幼兔

从断奶到 3 月龄的小兔称幼兔。断乳后幼兔面临新的变化,由此吃乳为主要营养变为完全吃草料为主,但幼兔消化机能还不十分健全,且肠胃脆弱,一旦草料不适(如喂发霉草料),饲喂不当,容易拉稀死亡。而且还面临着又一次环境变化,由母子一起生活,到断奶后幼兔独立生活,失去保护,缺乏独立生活能力的幼兔,一旦受到刺激是容易发病的。幼兔自身的生理机能较弱,对不良环境的适应能力较差,更缺乏对细菌、病毒、有害动物的抵抗能力,如果饲料品质不好,饲喂不当,环境不利,管理不细是很容易引起幼兔发病死亡的,必须重视每一个饲养管理环节。

(1)饲养:断奶后第 1 周的幼兔,日粮中的精饲料(仔兔补饲料)应占 80%。劣质干草对断奶幼兔是很不合适的。随日龄的增长,混合精料的比例逐步下降,直到占日粮的 40%。同时逐渐改仔兔料为幼兔料,增加青料。给料,要坚持少吃多餐,定时定量(采用自动食槽的除外)。

幼兔如饲喂不当,营养缺乏或贪食过量,胃肠负担过重均会引起消化不良、腹泻、肠炎等疾病。饲喂由麸皮、豆饼等配合成的精料及优质干草为宜。因为兔奶中的蛋白质、脂肪分别占 10.4% 和 12.2%,高于牛奶 3 倍,所以用喂大兔的饲料是很难养活幼兔的。所喂饲料要清洁新鲜,带泥的青草,要洗净晾干后再喂。喂时要掌握少喂多餐,青料一天 3 次,精料一天 2 次,此外可加喂一些矿物质饲料。喂量应随年龄增长而逐步增加,并要注意饲料的多样化。留作种用的后备兔,还要防止出现过肥而影响种用体况。

(2)管理

①分群:断奶后的幼兔可按年龄、体质强弱和性别等进行分群喂养。一般笼养的每笼 4～5 只,舍内圈养的每群 20～30 只为宜,但圈养仅适用于商品生产的獭兔。

②环境:由于幼兔断奶后,生活环境发生巨变,同时幼兔生长快,抵抗力差,要求其所处的环境应干燥、卫生、安静,与断奶前尽量保持一致。对笼舍要定期进行认真洗刷消毒。保持笼舍清洁、干燥、通风,若笼舍潮湿,应及时更换垫草垫料,经常清粪、消毒,以消灭各种致病微生物及球虫。冬季兔舍温度应保持在 5℃ 以上,夏季应防暑降温。

③药物:幼兔日粮中可适当添加药物添加剂、复合酶制剂、黄腐酸,既可防病又能提高日增重。据报道,日粮中添加 3% 药物添

加剂,日增重提高 31.8%;每千克添加 200 毫克黄腐酸、0.5%复合酶制剂,日增重提高 12%～17.5%。

④防病:幼兔阶段是多种传染病易感阶段。除了注射兔瘟、魏氏梭菌病疫(菌)苗外,一些兔场还可注射巴氏杆菌-波氏杆菌二联苗和大肠杆菌疫苗。全年注重预防球虫病和传染性鼻炎。同时每日要细心观察幼兔的采食、精神、粪尿等情况,若发现有食欲不振、精神委靡、粪便不正常的幼兔,要及时进行隔离饲养,查明原因,及时治疗。

⑤第二次选留种兔:第二次选留种兔在 10～12 周龄内进行。测定个体重、断奶至测定时的平均日增重和饲料转化率等,表现差者转入商品群。

2. 如何饲养管理后备兔

选留的 3～6 月龄的仔兔称为后备兔、青年种兔。青年种兔的抗病力已大大增强,死亡率较低,是其一生中最容易饲养的阶段。

(1)饲养:青年种兔的新陈代谢很旺盛,吃食量大,生长发育快,是长肌肉、长骨骼的阶段。因此,在饲养上必须供给充足的蛋白质、矿质元素和维生素。饲料应以青饲料为主,适当补给精饲料,每天每只可喂给青饲料 500～600 克,混合精料 50～70 克。5 月龄以后的青年种兔,应适当控制精料喂量,以防过肥,影响种用。

(2)管理

①分群:青年种兔的管理重点是及时做好公、母獭兔分群,防止早配、乱配。根据生产实践,3 月龄的公、母獭兔生殖器官开始发育,已有配种要求,但尚未达到体成熟年龄。所以,从 3 月龄开始就要将公、母獭兔分群或分笼饲养。

②第三次选留种兔:对 4 月龄以上的公、母獭兔进行第三次选择,此期獭兔被毛完全长齐,已看出毛绒质量。把生长发育优良、健康无病、符合种用要求的留作种用,最好以单笼饲养;根据选种

标准选出不宜留种的青年兔,要及时划入商品群。

③打耳号:为了在养兔生产中便于管理和记录,种兔场和养兔户一定要为种獭兔编刺耳号。獭兔编刺耳号,好比有了名字一样,不但便于饲养管理,更重要的是能避免近亲交配,便于控制血统,建立新的品系。

◎针刺法:一般是养兔较少且又没有耳号钳的养兔户使用。方法是先在兔耳中间无血管处写上自己为其编刺的号码,而后保定兔子,快速用针沿数字扎刺,再抹上醋墨汁,使墨汁渗入针孔中,数字慢慢变蓝色,永不退色。

◎耳号钳编刺方法:专用的兔耳号钳,号码用短针排列钳成。有10个重复的阿拉伯数码和部分ABC等英文字母,使用时,只要先将要编的号码卡在耳钳上排列好,用酒精或碘酒在兔耳无血管处消毒,而后用耳钳在需刺部位猛夹一下,松开耳钳,然后抹上醋墨汁,并在耳号上用食指和拇指来回搓几下,使墨汁渗入针孔即可(刺时耳背部垫一橡皮,可使刺出的号码更清楚)。用耳号钳编刺耳号不但方便省时,而且字体美观。

◎耳标法:先用铝片制成小标签,上面打好要编的号码,然后用锋利刀片在兔耳内侧上缘无血管处刺穿,将标签穿过小洞口,弯成圆环状固定在耳上扣好。

◎耳号排列方法:耳号排列一般由自己设计,一般第1位数用英文字母,英文字母一般代表品种,第1位数字可代表年份,第2位数字代表月份,第3位数字代表个体号。也可任意设计,并记录好编号的意义。

(五)商品獭兔的饲养管理问题

商品兔指选留种用外用于取皮的獭兔,饲养獭兔的效益取决于獭兔板皮的质量。优级皮的获得,除受种兔质量影响外,饲养管理在一定程度上起着决定性的作用。獭兔饲养管理的目标,在追求获得更多的高等级皮的同时,应尽可能降低饲养成本,才能真正提高养兔效益。针对獭兔皮质量等级评定主要指标和饲养时间相对较长的特点,抓好商品獭兔饲养管理。

1. 如何管理商品獭兔

(1)饲养:商品獭兔不仅要求有一定的体重和皮板面积,还要求皮张质量,特别是遵循兔毛的脱换规律、要求被毛的密度和皮板的成熟度。如果仅仅考虑体重和皮板面积,一般在良好的饲养条件下 3.5 月龄可达到一级皮的面积,但皮板厚度、韧性和强度不足,生产皮张的利用价值低。采取前促后控的育肥技术,即断乳到 3.5 月龄,提高营养水平(蛋白质含量 17.5%),采取自由采食,充分利用其早期生长发育速度快的特点,挖掘其生长的遗传潜力,多吃快长。此后适当控制,一般有两种控制方法,一是控质法;二是控量法。前者是控制饲料的质量,使其营养水平降低,如能量降低 10%,蛋白质降低 1%~1.5%,仍然采取自由采食;后者是控制喂料量,每天投喂相当于自由采食量的 80%~90%,而饲养标准和饲料配方与前期相同。采取前促后控的育肥技术,可以节省饲料,降低饲养成本,而且使育肥兔皮张质量好,皮下不会有多余的脂肪和结缔组织。

(2)管理

①饲养优种和杂交组合:獭兔皮的生产可有 3 条途径。一是优良纯系直接育肥,即选育优良的兔群,繁殖出大量的优秀后代,生产高质量的皮张。二是系间杂交,美系獭兔的繁殖力最高,德系兔最低,法系兔居中。但从生长速度来看,德系兔的生长潜力最大。以美系獭兔为母本,以德系或法系为父本,进行经济杂交;或以美系獭兔为母本,先以法系獭兔为第一父本进行杂交,杂交一代的母兔,再与第二父本——德系獭兔进行杂交,三元杂交后代直接育肥,这两种方案效果均优于纯繁。三是饲养配套系,目前我国在獭兔方面还没有成功的配套系,一些科研单位和大专院校正在着手培育配套系。如果配套系培育成功,其效益会成倍增加。

106

②精心调控獭兔配种繁殖季节：大家都知道，"冬皮"比"夏皮"质量好。所以，应尽可能多出"冬皮"。而獭兔的最适屠宰时间是6~8月龄。为此，各地应根据当地的自然气候特点，抓好最适配种季节的獭兔配种工作，力保多配多怀，以获得更多冬皮，这是提高獭兔毛皮质量、增加饲养獭兔效益的重要措施。

③商品獭兔的管理，重在"护皮"：3月龄以上的商品獭兔，除必须实行单笼饲养外，笼内壁要光滑，避免给兔造成"创伤"；饮水器设置合理，笼底板不积粪、不积尿，夏季不宜在笼内放潮湿砖块给兔子降温，以减少水和粪尿对毛被的污染，造成"尿黄斑"或"绿毛斑"（水藻污染被毛），严重影响商品皮的利用价值。

④认真搞好皮肤病的防治：兔疥螨病、脱毛癣（真菌病）和化脓性球菌病，都会损伤獭兔板皮，严重的将使獭兔皮失去商用价值。所以，獭兔饲养，除应加强主要传染病、常见病的预防外，皮肤病的综合防治应视为重点。对兔瘟、巴氏杆菌、大肠杆菌、魏氏梭菌等病，应做好预防接种工作。

⑤清洁卫生消毒：圈舍应保持每天清粪一次，空气新鲜，每星期对兔笼、兔舍消毒一次。

⑥调节运动强度：刚进入商品阶段的仔兔，应适当加强运动，以增强骨架生长、体质和抗病能力。到最后15天内要限制运动，以利于尽快催肥。

⑦停药：所有药物必须在出售前的15天内停用，以免引起胴体药物残留。

⑧适时屠宰：确定最适取皮时间是獭兔被毛生长最旺盛，毛根着生最牢固的时期。獭兔换毛，除有季节性外，年龄性换毛更为明显。因此，为提高獭兔毛皮质量，防止其裘制品掉毛，选择适宜屠宰时间极为重要。除提倡在冬、春季节取皮以外，必须考虑獭兔的月龄。

2. 如何提高獭兔的毛皮质量

(1)影响獭兔毛皮质量的因素

①种质品种:纯度是决定獭兔皮质量最为关键的因素之一。目前制约我国獭兔生产发展的首要问题就是品种退化严重,遗传不稳定。突出表现在血统不清,体型小,被毛稀,毛色杂,枪毛比例高,平整度差等方面。因此,在引种时,不仅应当注意所引种兔本身被毛品质的好坏,还应注意观察了解供种场种群的详细情况,如种群的规模、种兔的成年体重、被毛品质、毛色遗传以及育种管理工作等,以确保引到高纯度、高质量的种兔。并且在引种后,应继续加强选育,留优去劣。

②营养水平:獭兔对能量、蛋白质、含硫氨基酸、微量元素和维生素等各种营养物质的需要量很高。目前,许多獭兔场(户)仍沿用养殖地方肉兔那种传统的喂养方式,主要喂草,精料很少,或有啥喂啥,各种营养特别是蛋白质、氨基酸和微量元素等毛皮限制性营养物质严重缺乏,结果导致獭兔生长受阻,体质虚弱,被毛稀疏,蓬乱无光,枪毛突出,平整度差。日粮结构不合理已成为造成目前我国獭兔皮质量低劣最主要的原因之一。

③管理与疾病:有的养兔户不讲科学,自以为是,以散养为主,笼养为辅。这样饲养方法是不科学的,獭兔是为了要皮毛,皮毛好就能多卖钱,皮毛差就少卖钱,为了减少皮毛的损害,獭兔必须进行笼养,这样才能产出好的皮张。有的人不注意环境卫生,不及时清理粪便,舍内通风不良,氨气过大臭气熏天,笼底粪便发酵成堆。饮水不清洁,水盒发臭,水质变色。这种情况不仅影响獭兔的生长发育,而且造成皮毛发干,没有光泽,手感差,同时胃肠道、呼吸道疾病严重,尤其是仔、幼兔受到严重影响,发病率高,死亡多,甚至有的养户造成养兔不见兔的局面。

管理粗放不仅可直接降低獭兔的毛皮质量,如常见的尿黄皮、伤疤皮等,而且可通过诱发各种疾病如腹泻、巴氏杆菌病、波氏杆菌病、疥螨病、霉菌病、兔虱、皮下脓肿、脚皮炎等,影响獭兔的生长发育和被毛品质。

④近亲繁殖,配种过早:有的养兔户不重视品种的选育,长期不更换种公兔,近亲繁殖严重,造成品种退化,有的养兔户配种过早,特别在价格高、炒种高潮时,竟将其4个月左右的母兔进行配种繁殖,甚至连续血配,使后代一窝不如一窝,一代不如一代,造成仔兔体小而弱,生长缓慢这种情况很难生产出优质獭兔。

⑤取皮季节:与其他毛皮动物一样,獭兔的被毛品质受季节影响明显,存在季节性换毛和掉毛现象,这主要是由于气温对毛囊发育的影响所致。季节性换毛多发生于春(南方3～4月份、北方4～5月份)、秋(南方9～11月份、北方8～10月份)两季。在气温较高的夏、秋季节,存在季节性掉毛现象,主要表现为被毛着根不牢,极易脱落。季节性换毛和掉毛对青年獭兔的影响相对较小,而对成年兔和老龄兔影响最大。

⑥取皮年龄:年龄对獭兔的被毛品质主要有两方面的影响,一是年龄性换毛;二是对皮板质量的影响。獭兔的第一次年龄性换毛从断奶后始,4～5月龄结束。换毛时,毛被高低不平,空疏。换毛后,被毛浓密,平直,富有光泽,是取皮的适宜季节。第二次年龄性换毛从5～6月龄开始,7～8月龄结束。若第一次换毛正处于春秋季节,可能接着开始第二次换毛。4月龄前的獭兔皮,板质轻薄,而老龄兔皮板质厚硬、粗糙,5～6月龄第二次换毛开始前或7～8月龄第二次换毛结束后的獭兔皮,不仅被毛质量上乘,而且板质结实,厚薄适中,质量最佳。

⑦取皮、晾晒与保存方法:獭兔的取皮方法有别于肉兔。如方法不当,可使獭兔皮出现刀洞、偏皮、歪皮、撑板、皱缩、折裂和蛀虫等现象,严重影响毛皮质量。

(2)提高獭兔毛皮质量的关键技术措施

①全程优化饲养:从妊娠母兔开始,加强营养,促进胎儿毛囊

的发育。仔兔出生后,每窝选留5只左右,保证仔兔生长发育所需的乳汁;在有条件的场户,可用新西兰白兔、加利福尼亚兔、日本大耳兔等肉兔品种代养,对仔兔进行特培优育。生长前期皮兔,应采取与肉用兔生长阶段相近的日粮标准;3月龄后,可适当降低营养水平,但在取皮前1个月,每千克日粮中的粗蛋白含量应不低于16%,含硫氨基酸为0.5%,并注意添加皮兔专用添加剂。条件允许,还可添加1.5%～2.0%的动植物油、5%的奶粉。

②严格选种,优化选配:首先根据本场的种群规模和实际情况,制订出科学的选育计划、选配制度和严格的淘汰制度,严禁近亲繁殖。选种时,将个体选择、系谱选择和后裔选择等方法有机结合起来,按照一定的程序严格进行测定、筛选。在规模较大的场(户),可根据种兔的体型、被毛品质等具体情况,将其分为体大系、皮优系等不同特点的"品系",各自进行选育。待"品系"育成后,可利用"品系"间"杂交",使后代兼备两个"品系"的特点。并且由于"品系"间的亲缘关系较远,通过"品系"间交配,也可避免近亲交配。

③定期更新血缘:当獭兔群自群繁育一定时期后,难免有程度不同的亲缘关系。为避免因此而带来的不良影响,可考虑每隔一定时间从外地引进一定数量优秀的种公兔,进行血缘更新。特别是对一些规模较小的獭兔场(户),血缘的更新尤为重要。一般可每隔2～3年,更新一次。

④推广人工授精技术在较大规模獭兔场、獭兔专业村以及獭兔生产重点县市,推行人工授精技术,充分发挥少数优秀种公兔的作用,在较短的时间内,迅速提高一个种群乃至一个地方獭兔群的质量。

⑤安排适宜的繁殖强度和配种计划:獭兔的繁殖性能特别是其泌乳力和母性较差,极不适合早配和频密繁殖。一般在良好的饲养管理条件下,獭兔适宜的初配年龄为6～7月龄,初配体重为

3.0千克,最低不能低于2.75千克。在有肉兔作保姆兔的条件下,獭兔可采取半频密繁殖,年繁殖6～7窝;一般饲养管理条件下,年繁殖窝数以4～5窝为宜。

⑥科学管理皮用兔:应笼养,忌地面散养;幼兔断奶后,按性别和笼位大小分窝,每窝2～3只,3月龄以上应单笼饲养。保持兔笼清洁、干燥,杜绝影响兔皮质量的诸多疾病,如霉菌病、疥螨病、兔虱、跳蚤、皮下脓肿、脚皮炎等。一经发现,及时隔离治疗,并对病兔笼彻底消毒。

二、不同季节的饲养管理问题

1. 春季如何饲养管理獭兔

春季气温回升,万物复苏,是獭兔繁殖的黄金季节。但春季气温不稳定,寒潮频繁,早晚温差大,獭兔易患呼吸系统疾病,同时兔螨病趋于活跃。因此在饲养管理上应重点抓好繁殖配种和疫病防治。

(1)保温:春季早晚的温差大,幼獭兔容易患感冒、肺炎等疾病,要注意早晚的保温。

(2)调整种兔群结构:獭兔的种用年限一般为3年,为保持其较高的繁殖力,整个种兔群要以青、壮年种獭兔为主,每年应淘汰1/3左右的老龄母獭兔,与此同时,每年要选留1/3以上的后备獭兔作为补充。

(3)制定合理的繁殖计划:依据各场实际情况和饲养管理水平,可按常规繁殖方法,即在仔兔断奶后配种,仔兔断奶时间以35～42日龄为宜,每年繁殖4～5胎。在时间安排上主要应在早春抓紧配种繁殖,确保一春繁殖两胎。条件好的商品獭兔场也可实行半频密繁殖(半频密繁殖是指母獭兔在产后12～15天配种,这样可使繁殖间隔缩短8～10天,年可增加繁殖2～3胎)的方法,以通过缩短哺乳期来提高其繁殖密度。

(4)合理饲喂

①饲喂次数和时间调整:獭兔白天贪睡,晚上活跃,采食频繁,而早春夜间漫长、气温低,更应注意加强夜间饲喂,增加夜间饲喂的次数和喂量。每天早、晚各喂一次颗粒料,仔幼兔日喂 4 次,青年獭兔和成年獭兔日喂 3 次。春季不喂冰冻饲料,不喂露水草。白天除例行的清扫、饲喂外,应尽量减少对獭兔的干扰,让其安静地休息。管理人员睡觉前必须给獭兔加足夜草,保证到天亮前有足够的草。饲喂次数和时间的调整要逐步进行,不宜突然变更,以 1 周内调整变更完毕为宜。

②饲喂量的调整:断奶前后的仔兔颗粒料日喂量要达到 25 克,2 月龄前的幼兔要达到 50 克,3 月龄左右的青年兔要达到 60 克,配种公獭兔和空怀母獭兔 75 克,怀孕后期的母獭兔 100 克,哺乳母獭兔 150 克。

③合理控制青饲料:獭兔开始吃青绿饲料,常表现贪食,要注意控制数量和质量。喂青绿饲料前,应该先喂干粗饲料,再逐渐减少干粗饲料的喂量,增加青绿饲料的喂量,直至全喂青绿饲料。饲喂黑麦草时感染了麦锈病的黑麦草不能喂兔,否则容易引起腹泻死亡。

(5)仔兔保育

①加强初生仔兔保暖:初生仔兔窝内温度要保持在 30～32℃,对于早春寒冷天气出生的仔兔,可以使用灯泡给仔兔巢箱加温。一般每个产仔箱内安装一个 25 瓦的白炽灯泡,即可使箱内温度保持在 20℃左右。注意灯泡离仔兔要有一定距离,以手放在仔兔上面不感到灼热为宜。要加强管理,勤清理,勤消毒,勤换垫草,使仔兔巢箱保持温暖、清洁、干燥、卫生。

②防止鼠害:开眼期以前的仔兔易遭老鼠袭击,夜间应将仔兔巢箱放在老鼠难以侵袭的地方。

（6）做好防病工作：我国南方春季多阴雨，湿度大，适于细菌繁殖，兔病多，死亡率在全年为最高（尤其是幼兔），是养兔最不利的季节之一。而北方的春季，温度适宜，雨量较少，多风干燥，阳光充足，比较适于獭兔生长、繁殖，是饲养獭兔的好季节。这时虽然野草逐渐萌芽生长，但草内水分含量多，干物质含量相对减少，而獭兔经过一个冬季的饲养，身体比较瘦弱，又处于换毛时期，因此，春季在饲养管理上应注意防湿、防病。

2. 夏季如何饲养管理獭兔

夏季潮湿闷热的环境极利于病菌和寄生虫的孳生，使獭兔易患消化道和寄生虫病，且獭兔汗腺不发达，仅靠耳朵表面微细血管扩张和呼吸等方式散热，体内水分散发困难，体温调节能力极差，如不人为控制环境，獭兔很容易中暑，严重的造成死亡。因此夏季在饲养管理上应该注意降温防暑、防病等相关工作。

（1）降温防暑：首先要采取兔舍降温，避免日光直射，可在兔舍前种植葡萄、南瓜等蔓生植物或高秆的向日葵、玉米等进行遮光。气温达 32℃ 以上，可在地面撒些凉水或用加速空气流动的方法降温。当气温达 35℃ 左右，兔子容易中暑，尤其是潮湿闷热时更易发生。一旦发现有中暑的兔子，除采取抢救措施外，还要防止其他兔子也发生中暑，并要经常观察兔群，注意兔子精神和形态上的变化。

（2）及时调整饲料：夏季配合饲料中减少能量饲料量，增加蛋白料含量，夏天青绿饲料丰富，可以多喂，但在阴雨湿度大的情况下少喂水分高的青饲料，增喂一些干粗饲料；喂青草时注意不喂带泥浆水的、堆积发热的、被化肥农药污染的和被兔粪污染的，草中塑料等杂物要清除干净，有露水或下雨后割的青草要晾干再喂；饲料要存放在干燥通风的地方，霉烂变质的饲料不要喂，饲料中经常加大蒜素或切碎的大蒜，既可以防治腹泻，又能抵御轻微发霉饲料的毒素；獭兔白天食欲不佳，应在早晚喂料，夜间补喂 1～2 次，让兔自由采食;饮水要干净清洁,水中加 1％食盐,让兔自由饮用;用野菊花煎汤加入饲料或饮水中,可防治热应激引起的兔湿热下痢、厌食、中暑等症,经常使用 1％野菊花作添加剂,能有效控制兔群传染性鼻炎、结膜炎、乳房炎等病菌的发生。

(3)搞好卫生防疫:每天要清除兔舍内的粪便、污物和垃圾,防止兔舍潮湿,可用锯末、白灰撒在地面上吸湿。水盆、食盆每天清洗 1 次,每周用 0.5％的百毒杀喷洒地面。消毒兔笼、兔舍、粪道、粪池等可用 20％石灰乳或 3％的火碱。用 0.5％的过氧乙酸喷洒笼舍,对细菌、真菌、支原体和病毒等都有很好的杀灭作用。

(4)慎做夏繁:由于獭兔对温度升高比较敏感,气温超过 30℃就会食欲下降,公獭兔精液品质降低,母獭兔此时妊娠、怀孕极易并发感染一些疾病,如巴氏杆菌等,温度高也可能造成母獭兔产后大出血死亡,仔兔成活率也很低,因此,必须掌握好各项技术才能确保獭兔夏繁的成功。在高温的夏天,禁止獭兔进行血配,采用血配不仅会降低獭兔体质,而且产出的仔兔也生长发育不良。

(5)驱避蚊蝇:夏季蚊蝇孳生,病菌容易繁殖,要做好兔舍内驱避蚊蝇工作。晚上兔舍内点蚊香或挂用纱布包好的晶体敌百虫。有条件的可制作纱网门窗,既可保证兔舍通风流畅,又可防止蚊蝇飞入兔舍叮咬兔子。

(6)防病:高温季节是獭兔球虫病的高发期,特别是断奶前后的幼兔最易感染,发病后的死亡率在 90％～100％,是一种毁灭性疾病。对断奶后的幼兔在饲养管理上应特别注意,防止突然变换饲料,避免饮水和饲料被粪便污染,对笼具和其他用具经常刷洗消毒,最好用火焰消毒。另外,还要防治兔脚皮炎、腹泻等常见病。

(7)精养幼仔,加强护理:炎热对幼仔兔危害最大,夏季加强幼仔兔护养是很有必要的。仔兔出生应尽早吃上初乳;及早抓好补料关,15 日龄开始补料,应喂给少量营养丰富且容易消化的饲料,如豆浆、豆渣或切碎的幼嫩青草、菜叶等;20 日龄后可加喂适量麦片、麸皮、玉米粉和少量木炭粉、维生素、无机盐和大蒜、洋葱等,以增强仔兔的体质,减少疾病,应少量多次饲喂,最好每天喂 5~6 次;30 日龄后逐渐转为以饲料为主,并做好断奶准备;仔兔开食后最好与母獭兔分笼,减少与母獭兔粪便接触机会,以防感染球虫病;开食后仔兔不宜过量喂给含水分高的青绿饲料,否则容易引起腹泻、胀肚而死亡。

3. 秋季如何饲养管理獭兔

秋天是獭兔繁殖的最佳季节,母獭兔发情正常,公獭兔性欲旺盛,所产仔兔生长发育快,成活率高,因此秋季做好对种母獭兔的饲养管理工作,对于增加养兔效益,具有重要作用。

(1)调整口粮:根据兔的不同年龄,按饲养标准配制,适当提高蛋白质水平,降低能量饲料,要求饲料营养丰富,适口性好容易消化。保证獭兔每天有充足的青饲料如青草、青菜等,饲料应新鲜洁净无发霉变质。严禁投喂露水草和雨后晾干的青绿饲料。

(2)壮秋膘:秋季饲草丰富,气候适宜,壮好秋膘利于秋季繁殖和安全越冬。因此,应配制营养丰富的全价饲料,充分供给优质青饲料。喂料要定时、定量,做好早餐早喂晚餐迟喂,午餐多喂青绿料,晚间加喂一次料。幼兔每天喂 5~6 次,青年兔 3~4 次,成年兔 2~3 次,并供给洁净充足的饮水。

(3)抓繁殖:抓住秋季时机,及时给空怀母獭兔进行配种,是提高獭兔繁殖率的重要措施。为提高配种率,要先检测公兔的精液质量,母獭兔可采取重复配种或双重配种的办法。怀孕期和哺乳期母獭兔应喂给蛋白质、矿物质及维生素丰富的全价饲料。抓好仔兔的初生关,提早补饲和断奶。兔舍环境要保持安静,禁止喧哗,不随意惊吓和追提母獭兔,以防流产。

(4)防应激:在饲料中添加适量的多维或 0.5%维生素 B,0.5%维生素 C,能增强獭兔抗应激能力,利于獭兔生长。

(5)精心管理:秋季气温早晚与午间的温差大,幼兔易患感冒、肺炎、肠炎等疾病,严重者会造成死亡。同时秋季湿度较大,兔舍应搞好通风,保持干燥和防潮,可在舍内撒一些石灰或草木灰。经常清洗饲槽、食槽和笼底板,搞好清洁卫生。常用3％~5％来苏儿定期消毒圈舍内外。定期注射兔瘟、兔巴氏杆菌苗。定期在饲料中加球虫素、氯苯胍精粉等饲喂,搞好球虫病的预防。每天坚持观察兔群,以便及时发现问题,做好无病早防、有病早治。

(6)抓好饲料贮备:随着农作物收获,应及时贮备冬季饲料,如胡萝卜、槐树叶、红薯蔓、豆秸、花生蔓、玉米秸、蓿草、谷壳类等。

(7)抓好疾病预防:做好兔瘟、巴氏杆菌、魏氏梭菌疫苗的接种。

4. 冬季如何饲养管理獭兔

(1)整合种兔群:要想养好兔子,关键的一点是要有一个优良的种兔群。另外初冬也是商品兔出栏的好时期,因此,要充分利用这个大好时机,对整个兔群来一次大整顿,将繁殖力强、后代生长速度快的青年母獭兔和繁殖力强、性欲旺盛、配种能力强、后代表现好的青年种公獭兔留作种用。淘汰体弱多病、产仔率低、后代表现不好的种母獭兔,淘汰性欲低配种能力差的种公獭兔,淘汰老龄的种母獭兔及种公獭兔。对表现良好的青年公母獭兔要留作种用,公母比例至少要1:8。在养殖种母獭兔少于8只的兔群中,至少要有2只种公獭兔,公母比例要1:4。种兔群的年龄结构7~12个月龄的后备兔约占25％~35％,1~2岁的壮年兔约占35％~50％,2~3岁的老年兔约占25％~30％,这样可保持兔群比较强的繁殖力。

(2)人工补充光照:冬季日照短,气温低,自然光照时间仅有9小时左右,不利于母獭兔生殖激素的分泌,导致母獭兔生殖激素分泌减少,造成母獭兔卵巢活动机能减弱,种母獭兔不发情与不孕现象增多。为提高母獭兔的繁殖性能,要给繁殖母獭兔人工补充光照,每天光照时间应达到14~16小时。每天早晨6点至7点半,傍晚 5 点至 8 点半开灯人工补充光照,弥补光照不足。

(3)搞好冬繁工作:冬季气温降低,病原微生物不活跃,有传染性的病原微生物少,兔病少,仔兔的成活率高,只要给獭兔创造恒温环境,进行冬繁冬养是完全可能的。种母獭兔虽然发情不太明显,但是毕竟能发情,能够正常排卵,因此,应抓紧时机给种母獭兔配种,利用中午阳光充足的时候安排獭兔配种。种母獭兔配种后12 天,要及时摸胎,对没有怀孕的空怀母獭兔要及时补配。

(4)防寒保暖:冬季外界环境气温低,在北方常刮西北风,如獭兔经常受到寒冷的贼风袭击,因此要检修笼舍搞好兔舍保温防寒工作。室内笼养的兔场,在不影响通风换气的前提下,要给兔舍窗户钉上塑料布,门上挂上门帘,增加垫草厚度;有条件的兔场,可安装暖气或生煤火取暖,保证温度不低于 10℃;北方农村大部分群众养兔都不具备取暖条件,仅是利用室外庭院养兔,若仅室外用铁笼露天饲养獭兔,不利于獭兔的生长发育,很难进行冬季繁殖。根据实践经验,用砖、沙灰、水泥板垒建简易兔窝,母獭兔窝旁边用砖垒长 35 厘米、宽 35 厘米、高 30 厘米封闭的产仔间,母獭兔产仔前里面添上足量轧扁的麦秸,供母獭兔做窝,垫草要干燥、柔软、保暖性强,并做成中间低四周高的浅碗底形,冬季再在兔窝外扣弓形的无滴塑料薄膜棚,棚高以人在弓棚内能活动为宜,晚上再在塑料薄膜上盖上草毡,入口处吊上棉门帘,这样不生煤火獭兔也可进行冬季繁殖。

(5)提高仔兔成活率:冬季为提高仔兔的成活率,可使用塑膜暖棚,半地下兔舍或母仔兔分开管理等办法。冬季产仔箱的温度如果低于 15℃,仔兔则较难生存,因此要在产仔箱内上方以电灯泡供热。

(6)搞好兔舍环境卫生:冬季特别要注意搞好兔舍环境卫生,定期对兔舍进行消毒。消毒要用两种以上消毒药轮换消毒,以防产生耐药性;兔舍要勤打扫,每天清除粪便,以防粪尿堆积,减少氨气、硫化氢等刺激性气体的产生,防止鼻炎、肺炎等呼吸道疾病的产生。另外消毒要认真,要保持兔舍干燥。

为了保温,冬季兔舍密闭性增加,但通风不良,氨气、硫化氢、二氧化硫等有害气体增多,易诱发獭兔患眼结膜炎、鼻炎等病,因此,在晴朗的中午要打开门窗排兔舍内浊气。

(7)做好疫病防治:冬季兔病的防治要把握预防为主、治疗为辅的原则,在搞好兔瘟、巴氏杆菌、波氏杆菌、魏氏梭菌病、大肠杆菌等传染病的预防基础上,要进一步搞好感冒、疥癣等普通病的防治工作。重点把握三点:一是在疫苗使用上,要把握有单苗尽量用单苗,有二联苗不用三联苗的原则;二是冬季獭兔易感染螨虫,可定期给獭兔饲喂阿维菌素;三是当兔舍小环境内温度在 10℃ 以上时,在獭兔饲料中加喂防球虫病的药物,防球虫病的药物要用氯苯胍、地克珠力等两种以上药物交替用药。

(8)调整日粮:冬季天气寒冷,热能消耗大,獭兔维持需要的能量比其他季节多,缺乏青饲料,因此冬季要调整獭兔饲料配方,加大饲料喂量,配方中增大玉米的比重,以提高饲料的消化能,增大饲料喂量,喂量要比平时高 20%～30%,饲料中要特别注意维生素的补充,要比平时高 30%。需要提醒的是,在喂颗粒饲料时,要喂温水。

(9)及时防治冻伤:如果发现獭兔皮肤局部有红肿时,应立即将獭兔转移至温暖的地方进行处理;若冻伤的部位比较干燥,可涂一些动植物油脂滋润该部位;当局部皮肤红肿较严重时,可在该部位涂擦碘甘油;若局部皮肤已出现囊泡,可用消过毒的小刀或针头将泡皮挑破,排出其中的液体,然后再涂上一些抗生素软膏,必要时可以对伤口进行包扎处理,以防止伤口感染。

第六章 獭兔疾病与防治相关问题

一、兔病发生有何规律

认识和掌握兔病发生的规律,有助于防治工作的开展,主动地做好预防工作。兔病的发生受许多因素的影响,如年龄、性别、季节及其他动物疾病的传入等,饲养者应掌握这些规律,做到心中有数,有的放矢。

(1)兔病与年龄的关系:年龄的差异主要表现在多发和常发疾病的不同,幼兔特别是刚离乳的幼兔,由于消化系统发育不完全,防御屏障机能尚不健全,易患胃肠道疾病,老龄兔由于代谢机能与免疫功能的减退,体质下降,发病率也较高,抗病力弱。

(2)兔病与性别的关系:母獭兔疾病相对比公兔多,由于母獭兔要繁殖仔兔,所以产科疾病占一定比例,如流产、乳房炎等。

(3)兔病与季节的关系:不同季节兔的多发病、常发病和发病率的种类也不同,如1~3月份气温明显下降,各种传染媒介(苍蝇、蚊子等)及病原体的繁殖均受到一定限制,发病就较少。4~6月份为兔的产仔季节,发病率相对增高,7~9月份是酷暑盛夏季节,各种病原微生物活动猖獗,而且饲料容易腐败变质,易引起中暑、中毒及各类胃肠炎等疾病,是容易发生传染病的季节,必须加强饲养管理和卫生防疫工作。10~12月份要做好饲养管理和加强防寒保温工作,发病率会明显下降,是繁殖仔兔的好季节。

(4)兔病与其他动物疾病的关系:很多疾病能在各种动物之间相互传播和感染,如鸡的巴氏杆菌病可以传给兔,弓形体病可由猫传染给兔等,所以当附近发生疾病流行时,应及时采取有效的预防和扑灭传染病的措施。

二、兔病的预防问题

1. 如何从场地选择和布局方面预防

养兔场应选择地势高燥、向阳、供电和交通方便、水源充足、排水通畅的地方,但必须远离铁路、公路干线,城镇和其他公共设施500 米以上,特别是远离屠宰场、肉类加工厂和皮毛加工厂等污染可能性多的单位。

场内布局、生产、管理和生活区应严格分开。兔场应设有兽医诊疗室、化验室、病兔隔离舍、剖检室和尸体处理设施等。饲料加工间应建在全场上风向,做到防鼠防蝇。兔场应采用自来水或井水,输水管道直通各幢兔舍,不用场外的河塘水,以防饮水污染。场区的绿化对改善环境有重要作用,如冬季可降低风速,夏季可降低气温,又可净化场内空气。

近几年来,各地养兔规模大,兔的数量多,密度高,在集约化、高密度的饲养条件下,兔舍建筑应满足采光和通风要求,应尽量多设门窗,在南窗上部,应设通风窗,冬季可酌情开启,以利通风,在南北窗下靠近舍内地面设地窗,可加强夏季通风防暑。

2. 如何从繁殖方面预防

坚持"自繁自养"的繁殖方针,其目的为防止因引进兔种而带入兔病,造成疾病的传播。为了兔场安全生产,在引种时,必须引自非疫区。并要了解该地区过去与现在的疫情,可从健康兔场选购良种兔,但需经当地兽医部的检疫,有签发检疫合格证明书,再经本场兽医验证、检疫、隔离观察 1 个月,确认为健康者,还需驱虫,未注射疫苗的要补注疫苗后,方可混群饲养。

3. 如何从水、饲草和饲料的卫生方面预防

水对所有生物都是十分重要的。因水可帮助吃进体内食物的消化、营养物质的吸收及把营养物质运送到身体各个部位。还可帮助排泄新陈代谢产生的废物和有毒物质,水还能调节体温,保持体温的稳定。故在日常饲喂中不能不喂水,最好安装自动饮水器,让兔自由饮水,或坚持夏天喂 2 次以上水,冬天每日至少也要喂 1 次水的饲养制度。

獭兔是草食动物,若不喂精料,只喂野草,也能把兔子养活、养好。但兔子吃的饲草一般都比较脏,特别是露水草,兔子吃后容易患胃肠道疾病和寄生虫病,因此割来的草先漂洗、晾一下后再喂。

另外,要注意饲料有否变质或霉变,獭兔若吃了变质或霉变的饲料易引起消化道疾病和由于饲料霉变而引起中毒等疾病。

4. 如何从饲喂方面预防

由于獭兔不同的生理时期,所需饲料量和营养也不一样,为了管理方便应该分群饲养,一般 3 月龄以下幼兔,斗架较少,可以合群饲养,在 3.5 月龄以上的同性兔合群饲养,特别是雄性兔,会发生互斗,经常咬伤或咬死,异性兔则会过早配种,因此,应按兔的年龄、性别分群饲养,成年兔尤其是雄性兔应该单笼饲养。由于獭兔白天除采食外多静伏于笼内,夜间却十分活跃,采食频繁,因此要根据兔的生活习惯喂食,但要防止夜间喂精料会被老鼠偷吃又会传染疾病。所以建议早晨喂精料(喂颗粒料或混合料)是日粮的 1/3,傍晚喂日粮的 2/3,中午和夜间各喂 1 次青草。

獭兔是草食动物,应以青饲料、粗饲料为主,精料为辅。虽然目前獭兔的饲料有颗粒饲料和混合饲料,其饲料配方也是按獭兔所需营养成分合理配比的,但因一年四季饲料的原料种类不同,所以在变换饲料时要逐步过渡,可以先更换 1/3,间隔几天再更换 1/3,大约在 10 天左右更换结束。这样使兔的适口性和消化机能逐渐适应变换的饲料,免遭由于突然更换的饲料而引起獭兔的食欲减退或因暴食而引起的伤食。并要做到喂饲定时、定量,每天按固定时间喂饲。为了有利于促进獭兔的生长,减少疾病的发生,应根据獭兔年龄、体重以及个体差异,定出每兔每天所需饲料量,不可忽多忽少,这也是增强獭兔的食欲,提高饲料利用率的方法之一。

5. 常用的消毒方法有哪些

常见的消毒方法有物理消毒法、生物热消毒法、化学消毒法等。

(1)物理消毒法:分为清扫洗涮法(经常清扫粪便、污物,洗刷兔笼、底板和用具)、日光暴晒法(日光中紫外线具有良好的杀菌作用,肉兔的巢箱、垫草、饲草等在阳光下直射 2~3 小时,可杀死一般病原微生物)、煮沸法(经煮沸 30 分钟,一般微生物可被杀死,适用于医疗器械及工作服等的消毒)、火焰法(喷灯火焰温度可达400~600℃,可用于笼舍、产箱等消毒,效果很好,但要注意防火)。

(2)生物热消毒法:生物热消毒主要用于污染粪便的无害处理,兔场应该将兔粪和污物集中堆放在离兔舍较远的偏僻处,使粪便堆沤后利用粪便中的微生物发酵产热,可使温度高达 70℃ 以上。经过一段时间,可以杀死病毒、病菌、球虫卵囊等病原体而达到消毒目的,同时又保持粪便的肥效。

(3)化学消毒法:应用化学消毒剂进行消毒是兔场使用最广泛的一种方法。化学消毒剂的种类很多,而消毒的效果如何,则取决于消毒剂的种类、药液的浓度、作用的时间和病原体的抵抗力以及所处的环境和性质,因此在选择时,可根据消毒剂的作用特点,选用对该病原体杀灭力强,又不损害消毒的物体、毒性小、易溶于水,在消毒的环境中比较稳定以及价廉易得和使用方便的化学消毒剂。

①漂白粉:每立方米河水或井水中加漂白粉 6~10 克,消毒30 分钟后即可作饮用水。10%~20% 乳剂常用于兔舍、地面、墙

壁、运输工具、排泄物及分泌物的消毒。3%的澄清液可用于食槽、饮水器及其他非金属用品的消毒。本品应现配现用,对金属及衣物有轻度腐蚀性,对组织(皮肤)有一定刺激性,应注意防护。

②漂白粉精:0.5%～1.5%用于地面、墙壁消毒,0.3～0.4克/千克用于饮水消毒。

③氯胺(氯亚明):食槽、器皿消毒用 0.5%～1%溶液;排泄物与分泌物消毒用 3%溶液;饮水消毒,1 升水用 2～4 毫克;黏膜消毒用 0.1%～0.5%溶液。配制消毒溶液时,如加入等量的氯化铵,可使消毒溶液活化,大大提高消毒能力;活性溶液应于使用前1～2 小时配制,时间过长,效果下降。

④优氯净:0.01%～0.02%溶液用于环境、用具消毒;饮水消毒,每升水用药 4 毫克。本品水溶液不稳定,宜现配现用。不宜用于金属笼具及有色棉织物的消毒。

⑤二氧化氯(超氯、消毒王):有效氯含量为 5%时,环境消毒,1 升水加药 5～10 毫升,喷雾消毒;饮水消毒,100 升水加药 5～10毫升;用具、食槽消毒,1 升水加药 5 毫克搅匀后,浸泡 5～10 分钟。二氧化氯使用时须用酸活化,现配现用,不得过期使用;为加强稳定性,二氧化氯溶液在保留时加入碳酸钠、硼酸钠等。

⑥碘酊:有强大的消毒作用,能杀死细菌、芽孢、霉菌和病毒。2%～2.5%用于皮肤消毒。

⑦复合碘溶液:可用于兔舍、场地、用具、车辆、污染物的消毒。兔舍、器械的消毒,用水将消毒剂稀释 100～300 倍的浓度使用;饮水消毒,用 2%浓度的碘溶液,每升水加入 0.4 毫升。宜现配现用,对金属用品有一定的腐蚀性。

⑧碘伏:对病毒、细菌、芽孢有较强的杀灭作用,0.5%～1%用于皮肤消毒,0.000 01%浓度用于饮水消毒。

⑨苯酚(石炭酸):本品杀菌作用不强,毒性较大,2%用于皮肤消毒,3%～5%用于环境与器械消毒。忌与碘、溴、高锰酸钾、过氧

化氢等配伍使用。不能用于创伤、皮肤消毒。

⑩复合酚：为广谱、高效复合型新型消毒剂，对多种细菌、霉菌、病毒和多种寄生虫卵都有杀灭作用，还可抑制蚊、蝇等昆虫和鼠害。主要用于兔舍、用具、饲养场地、运动场、运输车辆或病兔排泄物及污物的消毒。对严重污染的环境，可适当增加浓度和喷洒的次数。0.5%～1%用于被病毒、真菌等污染的兔舍、笼具、场地的消毒。

⑪煤酚皂溶液（来苏儿）：对繁殖型细菌的杀灭能力强，而对芽孢、病毒的杀灭作用较差。常用2%浓度的水溶液可用于洗手，3%浓度的水溶液可用于兔舍、地面、墙壁、污染物及运动场地的消毒。

⑫氯甲酚溶液（菌球杀）：本品为甲酚的氯代衍生物，一般为5%的溶液，杀菌作用较强，毒性较小，主要用于兔舍、用具、污染物的消毒。以水稀释30～100倍后用于环境、畜兔舍的喷雾消毒。

⑬新洁尔灭（溴苄烷胺）溶液：常用0.1%水溶液用于木制品的消毒、洗手等，0.15%水溶液可用于兔舍喷雾消毒。不宜与阳离子表面活性剂如肥皂、洗衣粉及过氧化物、碘、碘化钾等配合使用。浸泡消毒时，药液一旦浑浊需进行更换。

⑭消毒灵（杜米芬）：主要用于杀灭细菌病原，消毒能力强，毒性小。0.02%水溶液用于局部创伤感染湿敷，0.05%水溶液用于皮肤、黏膜消毒，0.05%～0.1%水溶液用于器械消毒（加亚硝酸钠0.5%，以防生锈）。

⑮百菌消：1：（100～300）浓度溶液用于兔舍、兔笼及用具消毒；1：300浓度溶液用于消毒饲料间、手术室及伤口等；1：500浓度用于消毒饲草等。0.005%～0.01%水溶液用于饲槽、水槽及饮水消毒。

⑯双氯苯胍己烷：0.02%用于皮肤、器械消毒，0.5%用于环境

消毒。

⑰过氧乙酸(过醋酸)：国产过氧乙酸制品分甲液与乙液,配制时取甲液 2 份和乙液 3 份混合过夜,再配成 1∶20 的水溶液,常用于兔舍喷雾消毒及室内空气消毒,也可用于地面、墙壁、通道、食槽、饮水槽、兔笼及用具的消毒。耐酸的塑料制品、玻璃、搪瓷、橡胶制品及其用具等,可用此液浸泡消毒。由于过氧乙酸的混合液不稳定,不可存放过久,必须现用现配。

⑱高锰酸钾(灰锰氧、PP 粉)：本品的水溶液能使有机物迅速氧化而起杀菌作用,低浓度时还有收敛作用。在酸性溶液中杀菌作用增强,常利用其氧化性能以加速福尔马林蒸发而起到空气消毒作用。0.1%用于创面和黏膜消毒,0.01%～0.02%用于消化道清洗。常以本品 2%～5%的溶液浸泡或洗刷兔污染的食槽、饮水器及消毒被污染的器具等。应现配现用,久贮易失效,禁与酒精、甘油、碘、糖等混合。

⑲双氧水(过氧化氢溶液)：本品为过氧化氢的水溶液,市售浓度通常为 25%～30%。有强的氧化性,在组织或血清中的过氧化酶的作用下,迅速分解产生出初生态氧而起杀菌作用。1%～2%用于创面消毒,0.3%～1%用于黏膜消毒。

⑳氢氧化钠(烧碱、苛性钠)：本药是强消毒剂,能杀灭所有微生物和寄生虫卵。常用于预防病毒性或细菌性传染病的环境消毒或污染兔场的清理消毒。0.5%溶液用于煮沸消毒、敷料消毒,2%用于病毒消毒,5%用于炭疽消毒;兔舍的出入口处消毒池和周围环境可用其 2%～3%的溶液消毒。该药有很强的腐蚀性,使用时要十分小心,消毒后第 2 天,必须用水冲洗。金属器具禁用本药,使用时应注意安全,保护皮肤和衣物。

㉑生石灰(氧化钙)：本品是价廉易得的良好消毒药,对大多数繁殖型细菌有较强的杀菌作用。一般加水配成 10%～20%的石灰乳液,涂刷兔舍的墙壁,寒冷地区常撒在地面、粪池及污水沟,或

兔舍出入口做消毒用。配法是生石灰和水各 1 千克混合,便成熟石灰(氢氧化钙),再加水 8 千克即成 10%的乳剂。生石灰必须在有水分的情况下,才能发挥消毒作用。可加入其本重量 70%～100%的水,一定要成为疏松的熟石灰粉末才能杀菌。但熟石灰可以从空气中吸收 CO_2 变成碳酸钙沉淀而失效,所以石灰乳宜现配现用。本品有一定腐蚀性,消毒待干后才能使用。

㉒草木灰水:草木灰是农作物秸秆或木材经过完全燃烧后的灰,是一种易得的消毒药。常用 30%的浓度,配制时取 3 千克新鲜草木灰加水 10 千克,煮沸 1 小时,取上清液趁热用于兔舍、墙壁、运动场、用具、排泄物及兔舍进、出口处消毒,对杀灭病毒、细菌均有效。

㉓甲醛溶液(福尔马林):常用含 37%～40%甲醛的溶液。常用其 2%～4%水溶液浸泡器械,消毒兔舍、兔笼、地面、墙壁、饲槽及用具等。熏蒸消毒兔舍时,每立方米空间用福尔马林 25 毫升,水 12.5 毫升,两者混合后置于容器内,再放入高锰酸钾 25 克,在密闭条件下消毒 24 小时,然后打开门窗通风透气。也可用氨气中和甲醛气味,停留 1 天后再放入兔。本品对皮肤、黏膜及呼吸道有刺激作用,消毒后要打开门窗,加强通风换气;发生沉淀时不能用。福尔马林和高锰酸钾合用时要特别注意,千万不要把高锰酸钾倒入福尔马林溶液中去。

㉔戊二醛:无色油状液体,有微弱的甲醛味道,挥发度较低。对细菌、病毒、霉菌、芽孢均有杀灭作用,毒性比甲醛低,对皮肤和黏膜的刺激性较弱。酸性溶液稳定,弱碱性溶液(pH 7.5～8.5)杀菌作用最强。因为本品相对较为昂贵,主要用于诊断用品及器械的消毒。常用 2%碱性溶液(加 0.3%碳酸氢钠)用于诊断用品及器械的消毒。溶液宜现配现用,不可长时间保留,放置 2 周后即失效。

㉕乙醇(酒精):无水乙醇含量为 99%以上,凡未指明浓度者,

均指 95％乙醇。以 70％～75％浓度的溶液作皮肤、体温计、针头等的消毒,可杀死一般繁殖型的病原菌,对细菌芽孢无效。当浓度超过 75％时,由于菌体表层蛋白迅速凝固,因而妨碍了向菌体渗透,杀菌效果反而降低。本品易挥发,应密封保存。

㉖紫药水:紫药水对组织无刺激性,毒性很小,市售有 1％～2％的溶液,常用于治疗创伤。

㉗洗必泰:常用 0.02％水溶液用于洗手,0.1％水溶液用于饲养用具及器械的消毒,0.05％水溶液用于兔舍、场地、仓库及工作室的喷雾消毒。

6. 如何进行消毒

(1)消毒的先后顺序:消毒次序是墙壁、门窗、兔笼、食槽、地面及用具和门口地面。

(2)消毒频率:一般情况下,每周要进行不少于 1 次的兔舍消毒;发病期间,坚持每天晚上带兔消毒。

(3)消毒方法

①进场进舍的消毒:凡进入场区的人员、车辆,必须经药物喷雾消毒后才能进入场内,场区入口、生产区入口处的消毒池每周更换 2～3 次消毒液,兔舍入口处消毒池(垫)的消毒液每天更换 1 次。可选用碱类消毒剂、过氧化物类消毒剂等轮换使用。参观人员必须在更换经消毒的工作服、鞋子和帽子后,才允许进入生产区;出售兔必须在场区外进行,已调出的兔,严禁再送回兔场;严禁其他畜禽进入场区。

凡进入兔舍、饲料间的饲养人员,必须在换衣、换鞋和脚踏消毒池水后方可入内;饲养人员必须洗手消毒后才能开始工作。每天工作完毕后饲养人员应将工作服、鞋子、帽子脱在更衣室,洗净消毒后备用。

②人员消毒:工作人员进入生产区须经"踩、照、洗、换"消毒程序(踩踏消毒垫消毒,照射紫外线,消毒液洗手或洗澡,更换生产区

工作服、胶鞋或其他专用鞋等)经过消毒通道,方可进入。进出兔舍时,双脚踏入消毒垫,并注意洗手消毒,可选用季胺盐类消毒剂(0.5％新洁尔灭)等。

外来人员禁止进入生产区,若必须进生产区时,经批准后按消毒程序严格消毒。

检查巡视兔舍的工作人员、生产区的工作人员、负责免疫工作的人员,每次完成工作后,用消毒剂洗手,并对工作服进行消毒。

出售兔应设专用通道,门口设置消毒隔离带,兔出售过程在场区外完成。

③环境消毒:场区道路、兔舍周围环境可用 10％漂白粉或0.5％过氧乙酸等消毒剂,每半月喷洒消毒至少 1 次。

排污沟、下水道出口、污水池定期清除通顺干净,并用高压水枪冲洗,每 1～2 周至少消毒一次。

春秋两季,兔舍墙壁上和固定兔笼的墙壁上涂抹 10％～20％的新鲜石灰乳,墙角、底层笼阴暗潮湿处应撒上生石灰。

④空兔舍消毒:先用清水或消毒药液喷洒排空后的兔舍,然后对兔舍的地面、墙壁、兔舍内的器具进行彻底清理,清除兔舍内的污物、粪便、灰尘等杂物。

用高压水枪冲洗圈舍内的顶棚、墙壁、门窗、地面、走道;搬出可拆卸用具及设备,洗净、晾干,于阳光下暴晒或干燥后用消毒剂从上到下喷雾消毒,必要时用 20％新鲜石灰乳涂刷墙壁。

将已消毒好的设备及用具搬进舍内安装调试,密闭门窗后用甲醛熏蒸消毒。每立方米用浓度为 35％～40％甲醛 28 毫升,14克高锰酸钾即可进行熏蒸,温度应保持在 24℃左右,湿度控制在75％左右。操作人员要避免甲醛与皮肤接触,操作时先将高锰酸钾加入陶瓷容器,再倒入少量的水,搅拌均匀,再加入甲醛后人即离开,密闭兔舍熏蒸 24 小时。

⑤带兔消毒:带兔消毒时间一般选择在 15 日龄以后,喷雾消

毒时先将笼中接粪板上的粪便清理掉,以及笼上的兔毛、尘埃和杂物清理干净,然后用消毒药进行喷雾消毒。

消毒液应选择高效低毒、杀菌力强、刺激小的消毒剂,如百菌灭、百毒杀、二氯异氰尿酸钠、抗毒威等。喷雾时按照从上到下,从左到右,从里到外的原则进行消毒。

背负式喷雾器省力,价格适中,中小型兔场选用较为实用。喷雾时切忌直接对兔头喷雾,应使喷头向上喷出雾粒,雾粒大小控制在 50～80 微米,每立方米用 20 毫升消毒液,喷至笼中挂小水珠方可。带兔喷洒消毒时,为了减少兔的应激反应,要和兔体保持 50 厘米以上的距离喷洒,消毒液水温也不要太低。为了增强消毒效果喷雾时应关闭门窗。

仔兔开食前每隔 2 天消毒 1 次;开食后断奶前,每隔 4～5 天消毒 1 次;幼兔每星期消毒 1 次;青年兔每 15 天消毒 1 次;免疫接种前后 3 天停止消毒;兔群发生疫病时可采取紧急消毒措施。

带兔消毒宜在中午前后进行。冬春季节选择天气好、气温较高的中午进行。

⑥地面、墙壁和顶棚:清洗污物、粪便和尘埃。在消毒前必须用清水将地面、墙壁等处的粪便、污物冲洗干净,因为这些污物中存在大量病原微生物,消毒药只能将其表面病原微生物杀死,而不能杀死污物内部的病原微生物。可用 2%氢氧化钠溶液进行喷洒,也可用 0.1%百毒威、百毒杀等喷洒。对于空气和笼具也可用熏蒸法进行消毒,方法是每立方米用高锰酸钾 2.5 克,福尔马林 25 毫升,加水 12.5 毫升混合即可进行熏蒸,关闭门窗 24 小时后,然后打开门窗进行通风。

⑦水、料槽:将食槽、饮水器、草架等从笼中拆下,对耐高温材质的水槽、料槽可以用火焰喷灯灼烧,再用清水清洗干净,对耐腐蚀性材质的(如陶瓷)可先用清水清洗干净,再用 0.1%高锰酸钾水溶液浸泡 5～10 分钟,清水冲洗晾干再用。为了增强消毒效果,

可将溶液加温到 40~50℃。

⑧兔笼：对木、竹兔笼及用具，可用开水或 2%热碱水烫洗，也可用 0.1%新洁尔灭或 3%的漂白粉澄清液清洗。金属兔笼和用具可用喷灯进行火焰消毒，或浸泡在开水中 10~15 分钟。

⑨产仔箱：为防止仔兔皮炎、疥癣、球虫等疾病的传播，凡在仔兔分窝后，将箱内垫草等杂物清理干净，用 2%火碱进行彻底喷洒，或用喷灯进行烧灼消毒。

另外，各栋兔舍的设备、工具应固定，不得互相借用；每个兔笼和料槽、饮水器和草架也应固定；刮粪耙子、扫帚、锨、推粪车等用具，用完后及时清洗消毒，晴天放在阳光下暴晒；运输笼用完后应冲刷干净，放在阳光下暴晒 2~4 小时后备用；兔转群或母獭兔分娩前，兔舍、兔笼均须消毒 1 次。

（4）发生疫病后的消毒：兔场发生传染病时，应迅速隔离病兔，由专人饲养和治疗。病兔笼和污物要用酒精喷灯严格消毒。饲养人员要搞好个人卫生，加强出入饲养场区的消毒管理。严防饲料、饮水、垫料之间的交叉污染；兔舍、兔笼用具及环境每 3 天要消毒 1 次。发生急性传染病的兔群应每天消毒 1 次。兔舍消毒应选择在晴天进行，并注意做好通风工作。当传染病被控制住后，若不再发现病兔及有关症状，全场范围内应进行 1 次彻底消毒。

（5）消毒注意事项

①消毒时药物的浓度要准确，消毒方法要得当、药物用量要充足，作用时间要充分，污物清除要彻底。

②稀释消毒药时一般应使用自来水或白开水，药物现用现配，混合均匀，稀释好的药液不宜久贮，当日用完。

③消毒药定期更换，轮换使用。但注意几种消毒剂不能同时混合使用：酚类、酸类消毒药不宜与碱性环境、脂类和皂类物质接触；酚类消毒药不宜与碘、溴、高锰酸钾、过氧化物等配伍；阳离子和阴离子表面活性剂类消毒药不可同时使用；表面活性剂不宜与

碘、碘化钾和过氧化物等配伍使用。

④使用强酸类、强碱类及强氧化剂类消毒药消毒过的地面、墙壁等用清水冲刷后再进兔。

⑤带兔消毒时不可选择熏蒸消毒;带异味的消毒剂不做兔体消毒或圈舍带兔消毒。

⑥挥发性的消毒药(如含氯制剂)注意保存方法、保存期。使用苛性钠、石炭酸、过氧乙酸等腐蚀性强消毒药消毒时,注意做好人员防护。圈舍用苛性钠消毒后 6～12 小时用水清洗干净。

7. 獭兔如何按免疫程序进行预防接种

预防接种是控制传染病发生的一种重要手段。

(1)免疫程序

①大肠杆菌多价灭活苗(防大肠杆菌病):仔兔 20 日龄时每只皮下注射 1.2～2 毫升。

②兔瘟蜂胶苗(即兔瘟)灭活疫苗(防兔瘟病):仔兔 40 日龄每兔皮下注射 1.5 毫升(初免);仔兔 60 日龄每兔皮下注射 1 毫升(作为加强免);以后每隔 6 个月,皮下注射 1.5 毫升(包括种母獭兔和种公獭兔)或用三联苗(兔瘟、巴氏、魏氏)每兔皮下注射 2 毫升。

③兔多杀性巴氏杆菌病灭活疫苗(防巴氏杆菌病):仔兔 40 日龄每兔皮下注射 1 毫升或巴、波二联苗 2 毫升,以后每 4 个月注射 1 次(包括种公獭兔、种母獭兔,剂量同上)。注意:防疫时要与兔瘟疫苗隔开注射,一般间隔 7～10 天。

④兔产气夹膜魏氏梭菌灭活疫苗(防魏氏梭菌病):仔兔 70 日龄每兔皮下注射 2 毫升,以后每隔 6 个月注射 1 次,每次 2 毫升(主要种母獭兔、种公獭兔)。

⑤葡萄球菌灭活苗(防葡萄球菌病):种兔 80 日龄时,每兔皮下注射 2 毫升,以后每隔 6 个月注射 1 次(主要种公獭兔、种母獭兔)。

(2)疫(菌)苗使用方法

①购买的疫(菌)苗必须是国家定点或指定的生物制品厂或相应的销售机构,清楚的标明疫(菌)苗的名称、生产日期、生产批号、保存及使用方法、生产厂家并且附有合格证。

②疫(菌)苗一般应在 18℃以下、4℃以上避光保存。没有冰箱时可贮存于地窖水井水面上部。切勿高温和冰冻保存(如疫苗注明可冰冻保存的除外)。保存时间一般在 6 个月以内。

③疫(菌)苗使用前要认真检查,进行预防接种时,首先要看清疫苗使用说明书或瓶签,按规定方法使用,并做好登记,主要记载接种日期、疫苗或菌苗名称、生产厂家、批号、有效日期、接种剂量、接种方法、接种只数等,以便观察接种效果,分析发生问题的原因。

凡有下列情况之一者不应使用:无标签或标签不清,又不确知的疫(菌)苗,过期失效的疫(菌)苗;质量有问题的疫(菌)苗(如发霉、色变、沉淀结絮、有异物等);瓶壁破裂或瓶塞脱落、瓶壁渗漏的疫(菌)苗;未按要求保存的疫(菌)苗等。

④所有注射器和针头等应严格消毒,每只兔使用一支针头。

⑤疫(菌)苗使用前必须摇匀,一瓶疫(菌)苗应一次用完。若没有用完而又准备在短期内使用,应抽出瓶内空气,针孔处应该用石蜡密封。

⑥注射部位应先消毒,注射剂量要准确,注射完毕拔出针头时,要用棉球闭塞针孔并轻轻挤压,以防疫苗从针孔处外流。

⑦如果使用的是合格疫苗,如使用了二联或三联苗进行了免疫接种,一般不必再注射单联疫苗了,除非确信此次免疫失败。

8. 如何进行药物预防

兔群除加强饲养管理,及时进行免疫接种外,群体应用药物预防疾病,是重要的防疫措施之一。尤其在某些疫病流行季节之前或流行初期,应用安全、价廉、残留少、有效的药物加入饲料、饮水或添加剂中,进行群体预防和治疗,可以收到明显的效果。比如产后 3 日内,母獭兔每次内服长效磺胺片 0.05 克/千克体重,每日内服 2 次,连服 3 日,可预防乳房炎等疾病的发生。每千克体重用呋喃唑酮 5～10 毫克,混入饲料中内服,每日 2 次,可减少沙门菌病及大肠杆菌病的发生。将磺胺二甲噁唑按 0.4%～0.5%的量混入饲料中内服,每日 2 次,或以 0.2%浓度饮水,连饮 3 周;或用强力霉素每千克体重 5～10 毫克,每日内服 2 次,可减少波氏杆菌病、巴氏杆菌病及球虫病的发生。用土霉素按每千克体重 20 毫克,每日内服 2 次,连服 3 日,可预防巴氏杆菌病及魏氏梭菌病的发生。在兔群中,防止球虫病的感染是提高仔兔成活率的关键。平时可在饲料中经常混入一些葱、蒜等食物,同时要注意用药物预防。在仔兔开食或断奶期间,可用球痢灵,每千克体重 50 毫克,每日内服 2 次,连用 5 日;或氯苯胍,每千克饲料中加药 150 毫克,断奶开始连用 45 日;或可爱丹(氯羟吡啶),每千克饲料中加药 200毫克,连用 4 周,可预防球虫病、滴虫病及其他细菌的感染。

在使用药物预防时,注意防止产生耐药性,影响药物的防治效果。因此要经常进行药敏试验,选择有高度敏感性的药物用于防治。每次投药剂量要足,混饲时搅拌要均匀,用药时间一般以 3～7 天为宜。肉用兔必须在宰前 7～15 天停止使用抗菌药物与抗寄生虫药物,以免兔体残留药物,影响人们的健康。同时,使用的药物要详细登记名称、批号、剂量、方法等,以便观察效果,适时处理出现的问题。

9. 兔场如何消灭老鼠

鼠是人、畜多种传染病的传播媒介,鼠还盗食饲料和咬死幼兔,咬坏物品,污染饲料和饮水,危害极大,因此兔场必须做好灭鼠工作。

(1)防止鼠类进入建筑物:在设计和建设兔场时,就应考虑防鼠措施,防止鼠类进入兔场。日常管理工作中要把防鼠灭鼠、消灭虫害列入兽医卫生防疫计划,制订措施。平常要搞好兔场的环境卫生,及时清除兔舍周围的杂物、垃圾及乱草堆等。

(2)器械灭鼠:器械灭鼠方法简单易行,效果可靠,对人、畜无害。灭鼠器械种类繁多,主要有夹、关、压、卡、翻、扣、淹、黏等。近年来还采用电灭鼠和超声波灭鼠等方法。

(3)生态灭鼠:利用鼠类天敌如猫等来捕杀。

(4)化学灭鼠:即有计划的投放毒饵,在一个地区内统一时间,围杀鼠类。常用的灭鼠药有敌鼠钠盐、氯敌鼠、杀鼠灵、杀鼠迷、大隆、溴敌隆等。投饵方法为可将毒饵盒沿兔场周围鼠出没通道设置,长期投放对杜绝鼠害效果很好。灭鼠药要定期更换,以防鼠拒食和产生耐药性。放置毒饵时,应注意防止兔误食中毒。

10. 兔场如何消灭蚊、蝇

养殖场易孳生蚊、蝇等有害昆虫,骚扰人、畜和传播疾病,给人、畜健康带来危害,应采取综合措施杀灭。

(1)环境卫生:搞好养殖场环境卫生,保持环境清洁、干燥,是杀灭蚊蝇的基本措施。蚊虫需在水中产卵、孵化和发育,蝇蛆也需在潮湿的环境及粪便等废弃物中生长。因此,应填平无用的污水池、土坑、水沟和洼地。保持排水系统畅通,对阴沟、沟渠等定期疏通,勿使污水储积。对贮水池等容器加盖,以防蚊蝇飞入产卵。对不能清除或加盖的防火贮水器,在蚊蝇孳生季节,应定期换水。永久性水体(如鱼塘、池塘等),蚊虫多孳生在水浅而有植被的边缘区域,修整边岸,加大坡度和填充浅塘,能有效地防止蚊虫孳生。养殖舍内的粪便应定时清除,并及时处理,贮粪池应加盖并保持四周环境的清洁。

(2)化学杀灭:化学杀灭是使用天然或合成的毒物,以不同的剂型(粉剂、乳剂、油剂、水悬剂、颗粒剂、缓释剂等),通过不同途径(胃毒、触杀、熏杀、内吸等),毒杀或驱逐蚊蝇。化学杀虫法具有使用方便、见效快等优点,是当前杀灭蚊蝇的较好方法。

①马拉硫磷:为有机磷杀虫剂,它是世界卫生组织推荐用的室

内滞留喷洒杀虫剂,其杀虫作用强而快,具有胃毒、触毒作用,也可作熏杀,杀虫范围广,可杀灭蚊、蝇、蛆、虱等,对人、畜的毒害小,故适于畜禽舍内使用。

②敌敌畏:为有机磷杀虫剂,具有胃毒、触毒和熏杀作用,杀虫范围广,可杀灭蚊、蝇等多种害虫,杀虫效果好。但对人、畜有较大毒害,易被皮肤吸收而中毒,故在畜舍内使用时,应特别注意安全。

③合成拟菊酯:是一种神经毒药剂,可使蚊蝇等迅速呈现神经麻痹而死亡。杀虫力强,特别是对蚊的毒效比敌敌畏、马拉硫磷等高 10 倍以上,对蝇类,因不产生抗药性,故可长期使用。

11. 如何预防中毒

对于中毒也须坚持"预防为主"的方针。在预防中要防止以下各类中毒:

(1)防止农药中毒:常用的农药如乐果、敌敌畏、敌百虫等,它们均属有机磷化合物,主要用于农作物杀虫剂和治疗獭兔外寄生虫病。如果獭兔采食了刚喷洒过农药的植物或饲料源被农药污染或治疗外寄生虫时用药及方法不当,均会引起獭兔中毒。为防止中毒应注意以下两个方面:严格控制有机磷农药喷洒过的青饲料、蔬菜、谷类等农作物不能立即割喂;敌百虫用于治疗外寄生虫病时,要严格遵守使用规则,如浓度过高,会引起体表吸收中毒,还应防止獭兔啃咬而引起中毒。

(2)防止有毒植物中毒:能致獭兔中毒的有毒植物很多,如曼陀罗、防风、甜菜、毛茛、蓖麻、毒芹等。獭兔误食了这些有毒植物,就会发生中毒。为了防止中毒,应该首先了解本地区的毒草种类;其次饲养员及技术人员要学会识别毒草能力;第三对凡不认识或怀疑有毒的植物,一律禁喂。

(3)防止霉饲料中毒:霉变饲料上有大量霉菌繁殖并产生有毒代谢物。主要有镰刀霉、黄曲霉、穗状葡萄菌、甘薯黑斑霉等。獭兔采食霉变饲料后,引起中毒。因此贮存饲料间要干燥、通风,以防饲料发生霉变,发霉的饲料不能饲喂,并应废弃或烧毁。

(4)防止鼠药中毒:常用的灭鼠药有安妥、磷化锌、敌鼠钠盐等,被獭兔误食后即会引起中毒。故应注意:饲料间严禁布放灭鼠药,以防污染饲料。在兔舍放置毒饵时,要特别注意,勿使獭兔接触误食。

12. 如何减少兔应激

应激是兔对造成其生理紧张状态的环境压力或心理压力的反应。应激的因素很多,大致可分为环境应激、社会应激和饲养管理应激。环境应激包括温度的过高或过低、温度的突然变化、兔舍通风不良引起的空气污浊、贼风、噪音、光照制度的突然变更、空气污染及有害气体浓度过高等;社会应激包括密度过大、兔群过大等;饲养管理应激包括突然换料、操作程序的变更、接种疫苗、转群混群、更换饲养员等。应激对兔的生长、健康、繁殖等都会产生不良影响。

(1)引发兔应激的因素:兔是一种习惯性很强的动物,至今还不同程度的保留着祖先的某些生活习性,对各种突如其来的刺激会产生应激反应。

①惊吓:突然的喧闹声、机器的轰鸣、锣鼓音及鞭炮声等,都会使獭兔受到惊吓而产生应激反应。发情停止,繁殖机能紊乱,孕兔出现流产,哺乳母獭兔拒绝哺乳,正在分娩的孕兔会发生难产,有些母獭兔甚至咬伤或吃掉仔兔。幼兔神经调节机能不全,胆子极小,容易惊群,造成踩伤、挤伤;部分幼兔出现脑溢血或胃脏、胆囊破裂而死。

②转群:断乳后的幼兔,因环境的改变产生应激反应,其中主要是由于笼舍位置的改变和与同伴分开所造成的孤独和恐惧,招致獭兔的抗病力下降,易感染发病。

③温度:由于獭兔调节体温能力差,因此,当室内、外气温的突然升高或下降时,都会使獭兔产生应激反应。

当气温升高超过临界线 35℃时,轻者引起食欲不振,导致疾病,重者中暑死亡;当气温突然下降,使兔群易患感冒,并为巴氏杆菌病和球虫病的发生和流行提供条件。

④异味:獭兔的嗅觉十分发达,对异常气味特别敏感。如兔舍内的空气流通不畅、臭气熏天时,会使獭兔产生应激反应,兔群表现不安、食欲减少或拒食。尤其是室内空气中的二氧化碳含量超过 25%时,会引起獭兔中毒死亡。

⑤潮湿:当兔舍内的湿度超过 65%时,獭兔就会产生应激反应,极容易引发消化道疾病和球虫病。

⑥料变:突然改变饲料的结构和饲喂的数量、次数等,都会引起獭兔应激反应,尤其是断乳后的幼兔更明显。病兔表现为消化不良,腹泻,肠炎,死亡率高达 50%以上。

⑦缺水:当母獭兔产仔后,感到腹空、口渴,找不到水时,就会产生应激反应,母獭兔就有可能吃掉仔兔。

⑧编号:30～40 日龄幼兔,正值打耳号时期,在相同的条件下,兔群发病率比未打耳号的高。

⑨接种:30～40 日龄正是接种兔病毒性出血症疫苗的时段,接种疫苗的兔群的死亡率明显高于未接种的兔群。

(2)防治措施:在养兔生产中,应尽量减少各种应激的发生,或将应激强度、时间降到最低。如仔兔断奶采用原笼饲养法,断奶、刺号间隔进行,长途调运采用铁路运输为佳,兔舍饲养密度不宜过大,饲料配方变化逐渐进行,严禁生人或野兽进入兔群等。应尽量做到防止噪音,谢绝人员参观,严禁其他动物进入,每天的操作管理程序保持相对稳定,如开灯关灯、喂料、打扫卫生、配种等,若要更换饲料,需经 5～7 天的过渡,不可突然更换等。日粮中添加维生素 C,可降低獭兔的应激反应。

13. 发现病兔如何处理

(1)及时发现,尽快处理:每天应对每只兔检查 1～2 次,发现疾病随即处理,耽误时间就会丧失治疗的机会。因此,发病兔治疗得越早越好。

(2)发病死兔,应进行病理剖检:兔在死后应立即作剖检。检查病变主要在胸腔还是在腹腔,肺、肝、肾、肠道等主要部位有哪些病理变化,据此做出初步判断。这样做便于积累知识和经验,对于长期从事养兔业的人来说十分重要。如遇兔群死亡率突然增高,作病理剖检能及时做出诊断,对指导疾病的防治更为重要。

(3)正确处理病死兔:所有病死兔剖检后,应远离兔舍深埋或烧毁,减少病原散播。千万不能乱扔,或给猫狗吃等。

(4)若兔群发病死亡率突然升高,又查不出病因,更没有很好的治疗办法,应送新鲜病死兔到有条件的兽医部门进行诊断,以免耽误时机,造成更大损失。

(5)及时淘汰病残兔:一些失去治疗价值及经济价值的兔应及时淘汰。如严重的鼻炎兔、反复下痢的兔、僵兔、畸形兔以及失去繁殖能力的兔。一些病兔虽然能存活,但病不能治愈,应尽早淘汰,以避免大量散布病原菌。有的虽可治愈但抵抗力下降,易再染疾病。

三、兔病的诊断和用药问题

(一)兔的捕捉、搬运和保定

1. 如何捕捉獭兔

兔虽然是小动物,性情温驯,但它行动敏捷,被毛光滑,又具有防御的天性,会用牙齿和爪来防卫。在疾病的诊断、治疗,母獭兔的发情鉴定及妊娠检查等,均需先捕捉兔,稍有不慎,就会被兔抓伤或咬伤。在捕捉、搬运和保定时会挣扎,如果方法不当,对兔会造成不应有的损伤。

有些人捉兔时往往捉提两耳或后腿,这是错误的。因为獭兔的耳部是软骨,不能承担全身重量,拉提时必感疼痛而颠强(因兔耳神经密布,血管很多,听觉敏锐),这样易造成耳根受伤,两耳垂落;捕捉獭兔也不能倒拉它的后腿,兔子善于向上跳跃,不习惯于头部向下,如果倒拉的话,则易发生脑充血,使头部血液循环发生障碍,以致死亡;若提獭兔的腰部,也会伤及内脏,较重的獭兔,如拎起任何一部分的表皮,易使肌肉与皮层脱开,对兔的生长、发育都有不良影响。

正确的方法是对仔兔,因其个体小,体重轻,可以直接抓其背部皮肤;或围绕胸部大把松松抓起,切不可抓握太紧。对幼兔,应悄悄接近,切不可突然接近,先用手抚摸,消除兔的恐惧感,静伏后大把连同两耳将颈肩部皮肤一起抓住,兔体平衡,不会挣扎;对成年兔,方法同幼兔,但由于成年兔体重大,操作者需两手配合。一手捕捉,一手置于股后托住兔臀部,以支持体重。这样既不会伤害兔,也避免兔抓伤人。

2. 如何徒手搬运獭兔

以一手大把抓住两耳和颈肩部皮肤,虎口方向与兔头方向一致,将兔头置于另一手臂与身体之间,上臂与前臂呈 $90°$ 角夹住兔体,手置于兔的股后部,以支持兔的体重;搬运中应遮住兔眼,使兔既无不适感,又表现安定。

3. 如何保定獭兔

(1)徒手保定法

①方法一:一手连同两耳将颈肩部皮肤大把抓起,另一手抓住臀部皮肤和尾即可,并可使腹部向上。适用于眼、腹、乳房、四肢等疾病的诊治。

②方法二:相似于幼兔、成年兔搬运时的捉兔方法,不同的是将兔的口、鼻从臂部露出。适用于口、鼻的采样。

(2)器械保定法

①包布保定:用边长 1 米的正方形或正三角形包布,其中一角

缝上两根 30～40 厘米长的带子,把包布展开,将兔置包布中心,把包布折起,包裹兔体,露出兔耳及头部,最后用带子围绕兔体并打结固定。适用于耳静脉注射、经口给药或胃管灌药。

②手术台保定:将兔四肢分开,仰卧于手术台上,然后分别固定头和四肢。市售有定型的小动物手术台。适用于兔的阉割术、乳房疾病治疗及腹部手术等。

③保定筒、保定箱保定:保定筒分筒身和前套两个部分,将兔从筒身后部塞入,当兔头在筒身前部缺口处露出时,迅速抓住两耳,随即将前套推进筒身,两者合拢卡住兔颈。保定箱分箱体和箱盖两部分,箱盖上挖有一个半圆形缺口,将兔放入箱内,拉出兔头,盖上箱盖,使兔头卡在箱外。适用于治疗头部疾病、耳静脉注射及内服药物。

(3)化学保定法:主要是应用镇静剂和肌松剂,如静松灵、戊巴比妥钠等使兔安静,无力挣扎。

(二)兔病的判断

1. 如何对獭兔进行一般检查

临床检查病兔必须有一定的顺序,才不至于遗漏主要症状。临床检查通常按一般检查和系统检查的顺序进行。

一般检查主要包括外貌、可视黏膜,体温测定等,了解一般情况,得出初步印象,然后再重点深入进行分析。

(1)外貌检查:检查时应注意外形、肌肉、骨骼等是否正常。体格发育和营养良好的健康兔,外观其躯体各部匀称,肌肉发达,皮下脂肪丰满,骨骼棱角处不显露。发育和营养不良的兔,表现体躯矮小,瘦弱无力,骨骼显露,发育迟缓或停滞。

(2)精神状态:兔的精神状态是衡量中枢神经机能的标志。健康兔的行动,起卧都保持固有的自然姿势,动作灵活,轻快敏捷,两眼有神,稍有动响或有人接近兔笼,立即抬头,两耳竖立。如受惊恐,会用后足拍打地面,在笼中窜跑。带仔母獭兔变得具有攻击性,若母獭兔正在产仔时会发生吃仔。健康兔白天采食外,大部分时间处于休息,两眼半闭,呼吸动作轻微,稍有动静时,立即睁眼。当中枢神经机能受到抑制时,会出现精神沉郁,反应迟钝,头低耳垂,眼闭呆立,有的出现跛足或异常姿势。总之,过度兴奋或抑制,都可出现异常反应。

(3)被毛健康:兔被毛平顺浓密,有光泽而富弹性。除了换毛季节,如被毛粗糙蓬乱,稀疏。暗淡无光,污浊。均是营养不良或患病的表现,如腹泻病、寄生虫病、慢性消耗性疾病等。如被毛脱落,并呈灰色麸皮样结痂,可能患毛癣病或疥癣病。兔颌下、胸部、前爪被毛湿润则可能患溃疡性齿龈炎、齿病、传染性水疱性口炎、发霉饲料中毒、有机磷农药中毒、大肠杆菌病、坏死杆菌病等。

(4)皮肤:皮肤致密结实而富有弹性是健康兔的表现,检查时应查看皮肤颜色及完整性。并用手触摸身体各部位有无脓肿,光滑与否。鼻端、两耳背及边缘、爪等处被毛脱落,并有麸皮样的结痂物,可能患疥螨病。腹部、背部或其他部位皮肤凸出表现即脓肿,可能患葡萄球菌病。母獭兔乳头周围皮肤呈暗紫色或有脓肿,可能患乳房炎。如公兔睾丸皮肤有糠麸样皮屑,肛门周围及外生殖器官的皮肤有结痂,可能患梅毒。如阴囊水肿、包皮、尿道、阴囊出现丘疹,则可疑为兔痘。母獭兔流产,并从阴道内流出红褐色的分泌物,则疑为李氏杆菌病。口腔、下颌部和胸前部皮肤坏死并有恶臭,可能患坏死杆菌病。另外注意有无外伤。

(5)眼睛:健康兔的眼睛圆而明亮,活泼有神,眼角干净无脓性分泌物。如眼睛呆滞,似张非张,反应迟钝,则为患病或衰老的象征。如眼睛流泪或有黏液、脓性分泌物,精神委靡,可能患慢性巴氏杆菌病、结膜炎。如果兔子眼睛长得像牛的眼睛那样圆睁而凸出,则为"牛眼"畸形,应淘汰。

(6)耳:正常耳朵应直立且转动灵活。如下垂则可能因抓兔方法不当或受外伤、冻伤所致。耳壳内应清洁,耳尖耳背无结痂,如耳内有结痂则可能患痒螨或中耳炎。健康的白色兔耳色粉红。如用手握住感觉过热,耳呈红色,则为发热;用手握住感觉发凉,耳色青紫,则可能患有重病。

(7)可视黏膜检查:可视黏膜包括眼结膜、口腔、鼻腔、阴道的黏膜。黏膜具有丰富的微血管,根据颜色的变化,大体可以推断血液循环状态和血液成分的变化。临床上主要检查眼结膜。检查时,一手固定头部,另一手以拇指和食指拨开下眼睑即可观察。正常的结膜颜色为粉红色。眼结膜颜色的病理变化常见的有以下几种:

①结膜苍白:是贫血的征象。急速苍白见于大失血,肝、脾等内脏器官破裂;逐渐苍白见于慢性消耗性疾病,如消化障碍性疾病、寄生虫病、慢性传染病等。

②结膜潮红:结膜潮红是充血的表现。弥漫性充血(潮红)见于眼病、胃肠炎及各种急性传染病;血管高度扩张,呈树枝状,常见于脑炎、中暑及伴有血液循环严重障碍的心脏病。

③结膜黄染:是血液中胆红素含量增多的表现。见于肝脏疾患、胆道阻塞、溶血性疾病及钩端螺旋体病等。

④结膜发绀:是血液中还原血红蛋白增多的结果。见于伴有心、肺机能严重障碍,导致组织缺氧的病程中。如肺充血、心力衰竭及中毒病等。

⑤结膜出血:有点状出血和斑片状出血,是血管通透性增高所致。见于某些传染病等。

另外要检查眼结膜的分泌物(眼屎),凡有分泌物(眼屎)者,一般是有病的表现。

(8)淋巴结检查:健康兔体表淋巴结甚小,触诊不易摸到。如果能够摸到颌下淋巴结、肩前淋巴结、股前淋巴结等,表明淋巴结发炎、肿胀,应进一步查明原因。

(9)体温测定:对兔体温测定,是临床检查的主要项目之一。

因借助体温变化,有助于推测和判定疾病的性质。若出现高热时,多属急性全身性疾病,无热或微热多为普通病,大失血或中毒以及濒死前的衰竭,往往体温低于常温,预后不良。有经验的人用手触摸兔的耳根或胸部,能基本断定是否发热,当然不如体温表测温准确。体温测定一般采用肛门测温法,测温时,用左臂夹住兔体,左手提起尾巴,右手将体温表插入肛门,深度3.5~5厘米,保持3~5分钟。兔的正常体温为38.5~39.5℃。

(10)脉搏数测定:兔多在大腿内侧近端的股动脉上检查脉搏,也可直接触摸心脏部位,计数0.5~1分钟,算出1分钟的脉搏数。健康兔脉搏数为每分钟120~150次。热性病、传染病或疼痛时,脉搏数增加。黄疸、慢性脑水肿、濒死期可出现脉搏减慢。检查脉搏应在兔安静状态下进行。

(11)呼吸数检查:兔在笼内或地上蹲伏处于安静状态时,腹肋部每起伏一次即为呼吸一次。健康兔的呼吸次数每分钟为40~50次,老龄兔呼吸次数比壮龄兔呼吸次数稍少。夏天兔怕热,呼吸次数增加,呼吸急促。患某些中毒病、急性传染病、支气管炎、肺炎、感冒等疾病时,呼吸困难,次数增多。

影响呼吸数发生变动的因素有年龄、性别、品种、营养、运动、妊娠、胃肠充盈程度、外界气温等,在判定呼吸数是否增加和减少时,应排除上述因素的干扰。

(12)性情:一般把兔的性情分为性情温和、性情暴躁两种类型。性情与年龄、性别、个体差异等有关。判定性情主要依据兔对外界环境改变所采取的反应与平素有无差别。若原来性情温和的变为暴躁,甚至出现咬癖、吃仔等,说明有病态反应。

光线的明暗对性情也有影响,如暗环境可以抑制殴斗,并可使公兔性欲降低。

2. 如何对獭兔进行系统检查

一般检查完毕,接着就是进行系统检查。在一只或一群病兔上,可能同时出现许多病症,在进行系统检查时,不要主次不辨,否则就要拖延诊断时间,同时可能抓不住疾病的本质而造成错误的诊断。应当根据一般检查的印象,找出系统检查的重点。

(1)消化系统检查:消化器官的发病率,不论在大兔或幼仔兔都是比较高的。此外,许多传染病、寄生虫病以及中毒等,也都在消化器官表现明显的变化。因此,消化系统的检查有着特别重要的意义。

①食欲和饮水:健康兔食欲旺盛,而且采食速度快。对于经常吃的饲料,一般先嗅闻以后,便立即放口采食,15~30分钟即可将定量饲料吃光。食欲改变主要有食欲减退、食欲废绝、食欲不定(时好时坏)、食欲异常(异嗜)。吃食减少,是病兔首先表现出来的重要症状之一。特别是胃肠道各种疾病均有食欲不振的表现。吃食不定,多为慢性消化器官疾病。一点不吃见于各种严重的疾病。从一点不吃转为开始吃一点,表示疾病有所好转。如果病兔吃食从减少转为不吃,则表示病势在加重。有时可在缺乏微量元素或维生素时发生兔食欲反常(异嗜),舐食粪、尿、被毛或母獭兔吞食仔兔,发生严重腹泻而引起脱水,若见由少量缺水而至不饮水,一般预后不良,如在疾病过程中饮水逐渐恢复,则为疾病的好转现象。

兔的饮水也有一定的规律,炎热天气饮水多。有人做过试验,温度28℃时,平均每天每千克体重需水120毫升;9℃时,每千克体重需水76毫升。饮水增加见于热性病、腹泻等,饮水减少见于腹痛、消化不良等。

②口腔检查:检查时用木棒或开口器把兔嘴张开,检查口腔黏膜是否正常,有无流涎现象,常于唇及口腔内发现水疱。口腔内有出血点或溃疡常见于传染性口炎。

③腹部检查:兔腹部检查主要靠视诊和触诊。视诊主要观察腹部形态和腹围大小,若腹部容积增大,见于怀孕、积气、积食和积

液。积食多在胃内。积气是腹部上方膨大,腹壁紧张,叩诊发出鼓音。积液的特征是腹部两侧下方膨大,触诊有波动。腹部局限性隆凸,见于腹壁水肿或脓肿。若腹部容积缩小,体质衰弱,主要由于营养不良及慢性下痢等原因造成。发生腹膜炎时,触诊病兔因痛感而用力挣扎。当便秘或胃肠内有异物(毛球)时,于腹部可以摸到硬固的粪块或异物。

④粪便检查:检查时,注意排便次数、间隔时间、粪便形状、粪量、颜色、气味、是否混杂异物等。健康兔的粪便为球形,大小均匀,表面光滑,呈茶褐色或黄褐色,无黏液或其他杂物。在疾病情况下,粪便干硬细小,粪量减少或停止排粪,触诊腹内有干硬粪球时,即将发生便秘。如果粪便稀薄如水,或呈稀泥状或带血现象,主要见于肠炎、饲料中毒、寄生虫等病。有时粪便稀薄如水,有特殊的酸臭味,则似魏氏杆菌下痢病。

(2)呼吸系统检查:呼吸器官疾病,除导致生产力降低外还常常引起兔死亡,所以呼吸系统检查也是十分重要的。

健康兔鼻孔干燥,周围被毛洁净,呼吸有规律,用力均匀平稳。兔的呼吸次数在安静状态下为每分钟 40～50 次。健康兔的呼吸方式是胸腹式的,即当呼吸时,胸部和腹部都有明显的起伏动作。当腹部有病,如腹膜炎时,常会出现以胸部动作为主的胸式呼吸;当胸部有病时如胸膜炎,又常会出现腹部动作为主的腹式呼吸。当兔出现慢性鼻炎时,可引起上呼吸道狭窄而出现吸气性困难;当患肺气肿时,可见呼气性困难;当患胸膜炎时,吸气和呼气都有会发生困难,叫做混合性呼吸困难。如果胸部一侧患病,如肋骨骨折时,患侧的胸部起伏运动就会显著减弱或停止,而造成呼吸不匀称。

①呼吸式检查:健康兔呈胸腹式(混合式)呼吸,即呼吸时,胸壁和腹壁的运动协调,强度一致。出现胸式呼吸时,即胸壁运动比腹壁明显,表明病变在腹部,如腹膜炎。出现腹式呼吸时,即腹壁

運動明顯，表明病變在胸部，如胸膜炎、肋骨骨折等。

②呼吸困難檢查：健康兔在安靜狀態下，呼吸運動協調、平穩具有節律性。當出現呼吸運動加強，呼吸次數改變和呼吸節律失常時，即為呼吸困難，是呼吸系統疾病的主要症狀之一。臨床上主要有以下三種表現形式：

◎吸氣性呼吸困難：以吸氣用力、吸氣時間明顯延長為特徵，常見於上呼吸道（鼻腔、咽、喉和氣管）狹窄的疾病。

◎呼氣性呼吸困難：以呼氣用力、呼氣時間顯著延長為特徵，常見於慢性肺泡氣腫及細支氣管炎等。

◎混合性呼吸困難：即吸氣和呼氣均發生困難，而且伴有呼吸次數增加，是臨床上最常見的一種呼吸困難。這是由於肺呼吸面積減少，血中二氧化碳濃度增高和氧缺乏所引起。見於肺炎、胸腔積液、氣胸等。心源性、血源性、中毒性和腹壓增高等因素，也可引起混合性呼吸困難。

③咳嗽檢查：健康兔偶爾咳一兩聲，借以排除呼吸道內的分泌物和異物，是一種保護性反應。如出現頻繁或連續性的咳嗽，則是一種病態。病變多在上呼吸道，如喉炎、氣管炎等。

④鼻液檢查：健康兔鼻孔清潔、乾燥。當發現鼻孔周圍有泥土黏着，說明鼻液分泌增加。應對它的表現、鼻液性狀做進一步的檢查。如鼻液增加，並伴有瘙癢感，用兩前肢搔抓鼻部或向周圍物體上摩擦並打噴嚏，提示為鼻道的炎症，如鼻液中混有新鮮血液、血絲或血凝塊時，多為鼻黏膜損傷。如鼻液污穢不潔，且有惡臭味，可能為壞疽性肺炎，這時可配合鼻液的彈力纖維檢查。檢查方法是取鼻液少許，加等量的 10%氫氧化鈉溶液，在酒精燈上加熱煮沸使之變成均勻一致的溶液後，加 5 倍蒸餾水混合，離心沉澱 5～10 分鐘，傾去上清液，取沉澱物 1 滴置於載玻片上，蓋上蓋玻片，進行顯微鏡檢查。彈力纖維細長彎曲如毛髮狀，具有較強的折光力。如發現有彈力纖維，則為壞疽性肺炎。

146

⑤胸部检查:当兔出现呼气性困难或混合性呼吸困难,更应注意胸肺部的检查,首先应对胸廓的形状和肋骨起伏状态进行全面的观察。胸廓的畸形或肋骨的损伤等都可以破坏正常的呼吸机能;其次要对胸部异常变化进行触诊,要注意胸部的温度,有无肿胀,是否疼痛等情况。

(3)泌尿生殖系统检查

①尿液检查:是诊断泌尿器官的有效方法,正常尿液为淡黄色,外观稍混浊,一旦出现异常就要考虑是否泌尿系统出现疾患。如频频排少量的尿,这是膀胱及尿道黏膜受到刺激的结果,见于膀胱炎及阴道炎。在急性肾炎、下痢、热性病或饮水减少时,则排尿次数减少。有时给某些药物也能影响尿色,如口服黄连素或呋喃唑酮后尿就黄色。

②生殖器检查:公兔检查睾丸、阴茎及包皮;母獭兔检查外阴部分。如果发现外生殖器的皮肤和黏膜发生水疱性炎症,结节和粉红色溃疡,则可疑为密螺旋体病;如阴囊水肿,包皮、尿道、阴唇出现丘疹,则可疑为兔痘;患李氏杆菌病时可见母獭兔流产,并从阴道内流出红褐色的分泌物,患葡萄球菌病时也可致外生殖器炎症;患巴氏杆菌病时,也会有生殖器官感染。

(4)血液循环系统的检查:血液循环系统是营养代谢器官,与生命活动关系密切。心脏的听诊可在左侧肘头上方胸壁2~4肋间。按心音频率、强度、性质、有无杂音来判断心脏功能和血液循环状态,可帮助疾病诊断与推测预后。脉搏的次数、节律、强弱、性质也可帮助判定疾病性质。

(5)神经系统的检查:通过观察兔神经机能状态异常变化,即判断各种疾病对神经系统有某种程度的影响,主要检查精神状态和运动机能。

①精神状态的检查:兔中枢神经系统机能扰乱,会使兴奋与抑制的动态平衡遭到破坏,表现兴奋不安或沉郁、昏迷。兴奋表现为

狂躁、不安、惊恐、蹦跳或做圆圈运动,偏颈痉挛。如中耳炎(斜颈)、急性病毒性出血症(兔瘟)、中毒病、寄生虫病等,都可以出现神经症状。精神抑制是指兔对外界的刺激的反应性减弱或消失,按其表现程度不同分为沉郁(眼半闭,反应迟钝,见于传染病、中毒病或中瘫)、昏睡(陷入睡眠状态、躺卧)和昏迷(卧地不起,角膜与瞳孔反射消失,肢体松弛,呼吸、心跳节律不齐,见于严重中毒濒死期)等。

②运动机能检查:健康兔应经常保持运动的协调性。一旦中枢神经受损,即可出现共济失调(见于小脑疾病),运动麻痹(见于脊髓损伤造成的截瘫或偏瘫)、痉挛(肌肉不能随意收缩,见于中毒)。痉挛涉及广大肌肉群时叫抽搐;全身阵发性痉挛伴有意识消失称为癫痫。

3. 如何处理检查后的兔群

根据检查结果,把病兔、可疑病兔等组成单独的兔群,区别对待;以便把传染病控制在最小范围内,扑灭在最初阶段。

(1)病兔:在彻底消毒的情况下,把有明显临床症状的病兔单独或集中隔离观察,由专人饲养并进行有效治疗,管理人员要严加护理和观察。隔离场地门口要设立消毒池,若观察仅有少数病兔,可捕杀。

(2)可疑病兔:症状不明显,但与病兔有接触或者是环境受污染,也可能有潜伏期,怕有排毒(菌)的可能,应在另地观察,限制其活动,尽量想办法进行预防治疗。观察 1～2 周后,未见发病,可取消限制。

(3)假定健康兔:包括一切正常的兔,因其附近有病兔出现,仍应认真做好消毒工作。

对病情不清、诊断不明的病兔,必须及时送往条件较好的兽医站、化验室进行诊断,尽快验明原因,采取相应措施。

4.如何剖检病兔

许多疾病仅靠外部的表现很难做出确切的诊断,必须对尸体进行解剖,根据剖检特点,结合临床症状,对疾病做出正确诊断。

(1)剖检前的准备:进行尸体剖检,尤其是剖检传染病尸体时,剖检者既要注意防止病原的扩散,又要预防自身的感染。

①剖检地点的选择:为了便于消毒和防止病原的扩散,一般以在室内进行剖检为好,如条件不许可,也可在室外进行。在室外剖检时,要选择离兔舍较远,地势较高而又干燥的偏僻地点。并挖深达1.5米左右的土坑,待剖检完毕将尸体和被污染的垫物及场地的表面土层等一起投入坑内,再撒些生石灰或喷洒消毒液,然后用土掩埋,坑旁的地面也应注意消毒。也可进行焚烧处理。

②剖检人员的防护:可根据条件穿着工作服,戴橡皮手套、穿胶靴等,条件不具备时,可在手臂上涂上凡士林或其他油类,以防感染。

剖检传染病的尸体后,应将器械、衣物等用消毒液充分消毒,再用清水洗净,胶皮手套消毒后,要用清水冲洗、擦干、撒上滑石粉。金属器械消毒后要擦干,以免生锈。

③剖检器械和药品的准备:解剖刀、镊子、剪刀、骨钳等。检时常用的消毒液有0.1%新洁尔灭溶液或3%来苏儿溶液。常用的固定液(固定病变组织用)是10%甲醛溶液或95%的乙醇。此外,为了预防人员的受伤感染,还应准备3%碘酊、2%硼酸水、70%乙醇和棉花、纱布等。

④剖检记录:尸体剖检的记录,是死亡报告的主要依据,也是进行综合分析研究的原始材料。记录的内容力求完整详细,要能如实的反映尸体的各种病理变化,因此,记录最好在检查病变过程中进行,不具备条件时,可在剖检结束后及时补记。对病变的形态、位置、性质变化等,要客观地用描述的语言加以说明,切不要用诊断术语或名词来代替。

在进行尸体剖检时应特别注意尸体的消毒和无菌操作,以便对特殊的病例可以采取病料送实验室诊断。

(2)外部检查:在剥皮之前检查尸体的外表状态。检查内容包括品种、性别、年龄、毛色、特征、体态、营养状况以及被毛、皮肤、天然孔、可视黏膜等参照上面检查方法,注意有无异常,同时注意尸体变化(尸冷、尸僵、有无腐败等),以判定死亡的时间、体位。若体表脱毛、结痂提示疥螨病、皮肤毛癣菌;体毛污染提示由球虫病、大肠杆菌病、魏氏梭菌病等引起的拉稀。

(3)剖检方法:剖检时,将兔尸仰卧,腹部向上,置于搪瓷盘内或解剖台上,四脚分开固定,腹部用消毒药消毒。沿腹中线上起下颌部下至耻骨缝处切开皮肤,再沿中线切口向每条腿切开,然后分离皮肤。检查皮下有无出血,水肿及病变。沿腹白线切开腹壁,用镊子挑起腹肌防止刺破肠管。检查腹水的颜色、多少和清浊度。打开腹腔后,依次检查腹膜、肝、胆囊、胃、脾脏、肠道、胰、肠系膜、淋巴结、肾脏、膀胱和生殖器官。用骨剪剪断两侧肋骨、胸骨。拿掉前胸廓,使胸腔暴露后,依次检查心、肺、胸膜、上呼吸道及肋骨。必要时,打开口腔、鼻腔及脑作检查。

(4)检查内容及提示相应疾病

①皮下检查:主要检查皮下有无出血、水肿、炎性渗出、化脓、坏死、色泽等。

◎皮下出血提示兔病毒性出血症;皮下组织出血性浆液性浸润提示兔链球菌病;皮下水肿,可提示黏液瘤病;颈前淋巴结肿大或水肿提示李氏杆菌病。

◎皮下化脓病灶提示葡萄球菌病、兔痘、多杀性巴氏杆菌病;乳房和腹部皮下结缔组织化脓,脓汁乳白色或淡黄色油状,则提示化脓性乳房炎。

◎皮下脂肪、肌肉及黏膜黄染提示肝片吸虫病。

②上呼吸道检查:主要查鼻腔、喉头黏膜及气管环间是否有炎

性分泌物、充血和出血。

◎鼻腔内有白色黏稠的分泌物提示巴氏杆菌病、波氏杆菌病等；鼻腔出血提示中毒、中暑、兔病毒性出血症等。

◎鼻腔流浆液性或脓性分泌物则提示巴氏杆菌病、波氏杆菌病、李氏杆菌病、兔痘、绿脓杆菌病等。

◎喉头、气管黏膜出血，呈现出血环，腔内积有血样泡沫提示兔病毒性出血症。

◎喉炎、支气管炎、斑疹则提示兔痘。

③胸腔脏器检查：主要查胸腔积液、色泽、胸膜，肺、心包、心肌是否充血、出血、变性、坏死灶等。

◎胸膜与肺、心包粘连、化脓或纤维性渗出提示巴氏杆菌病、葡萄球菌病、波氏杆菌病。

◎肺呈暗红或紫色，肿大，粟粒大小出血点，质柔韧，切面暗红色提示兔病毒性出血症。

◎肺炎则提示巴氏杆菌病、葡萄球菌病、波氏杆菌病。纤维性化脓性肺炎提示巴氏杆菌、葡萄球菌病。肺表面光滑、水肿，有暗红色实变区，切开有液体流出，有大小不等脓灶。乳白色黏稠脓汁，则提示波氏杆菌病。

◎肺充血肿大，片状实变区提示野兔热；肺淡褐色至灰色坚实结节，具干酪样中心和纤维组织包囊提示兔结核病。肺上有斑疹、灰白色小结节提示兔痘。

◎胸腔内充满脓胞，提示兔巴氏杆菌、波氏杆菌、葡萄球菌病等。浆液或纤维素性渗出提示沙门菌病。胸腔内积有血样液体提示绿脓杆菌病。

◎心包积液、心肌出血提示巴氏杆菌病。心包液呈血样液体提示兔绿脓杆菌病，魏氏梭菌病等；心包液呈棕褐色，心外膜有纤维素渗出提示葡萄球菌病、巴氏杆菌病。

◎心脏血管怒张，呈树枝状提示魏氏梭菌病；心肌暗红，外膜有出血点，心脏扩张，内充满多量血块，心室菲薄。质软提示兔病毒性出血症；心肌有小坏死灶提示大肠杆菌病，心包炎提示坏死杆菌病；心肌有白色条纹，提示泰泽氏病。心包淡褐色至灰色，坚实结节，具干酪样中心和纤维组织包裹，提示结核病。

④腹腔脏器检查：主要检查腹水、纤维素性渗出、寄生虫结节，脏器色泽、质地和是否肿胀、充血、出血、化脓灶、坏死、粘连等。

◎腹腔：腹水透明、增多提示肝球虫病；积有血样液体提示兔绿脓杆菌病；腹腔有纤维索或浆液性渗出提示兔葡萄球虫病、巴氏杆菌病、沙门杆菌病。葡萄状透明囊附着于脏器或游离于腹腔的为豆状囊尾蚴病。

◎肝脏：表面有灰白色淡黄色结节，当结节为针尖大小时提示沙门菌病、巴氏杆菌病、野兔热等；当结节为绿豆大时则提示肝球虫病。肝肿大，硬化，胆管扩张提示肝球虫病，肝片吸虫病；肝质脆，实质是淡黄色，细胞间质增宽提示病毒性出血症。肝实质内有蛋黄色条纹状可能患豆状囊尾蚴或肝毛细线虫病。切开肝组织可见白色虫体则为肝毛细线虫病。

◎胆囊：上有小结节提示兔痘；若扩张、黏膜水肿提示大肠杆菌病。

◎脾：兔脾脏呈暗红色，长镰刀状，位于胃大弯处，有系膜相连，使其紧贴胃壁，是兔体内最大的淋巴器官。同时，脾脏也是个造血器官。脾与胃相接面为脏侧面，上有神经、血管及淋巴管的经路，称为脾门。脾脏相当于血液循环中的一个滤器，没有输入的淋巴管。当感染病毒性出血症（兔瘟）时脾呈紫色，肿大。若感染伪结核病，常可见脾脏肿大5倍以上，呈紫红色，有芝麻绿豆大的灰白色结节。

◎肾：兔的肾脏是卵圆形，右肾在前，左肾在后，位于腹腔顶部及腰椎横突直下方。在正常情况下由脂肪包裹，呈深褐色，表面光滑。有病变的肾脏可见表面粗糙、肿大，颜色有白、红点状出血或弥漫性出血等。

◎胃：兔是单胃，前接食道，后连十二指肠，横于腹腔前方，位于肝脏下方，为一蚕豆形的囊。与食道相连处为贲门，入十二指肠处为幽门。凸出部为胃大弯，凹入部为胃小弯，外有大网膜。胃黏膜分泌物为胃液。兔胃液的酸度较高，消化力很强，主要成分为盐酸和胃蛋白酶。健康兔的胃经常充满食物，偶尔也可见到粪球或毛球。粪球是由于兔吃进自己的粪便所致，毛球是由于吃进自身或其他兔子的兔毛所致。前者是一种正常现象，后者是一种病理现象。如胃浆膜、黏膜呈充血、出血，可能是巴氏杆菌病。如胃内有多量食物、黏膜、浆膜多处有出血和溃疡斑，又常因胃内容物太充满而造成胃破裂为魏氏梭菌下痢病。

◎肠道：与其他动物相同，分小肠和大肠两部分。兔的小肠由十二指肠、空肠、回肠组成。十二指肠为"U"字形弯曲，较长，肠壁较厚，有总胆管和胰腺管的开口。空肠和回肠由肠系膜悬吊于腹腔的左上部，肠壁较薄，入盲肠处的肠壁膨大成一厚圆囊，外观为灰白色，约有拇指大，为兔特有的淋巴组织，称圆小囊。大肠由盲肠、结肠和直肠组成。兔的盲肠特别发达，为卷曲的锥形体。盲肠基部粗大，向尖端方向缓缓变细，内壁有螺旋形的皱褶瓣，是兔盲肠所特有的。盲肠的末端形成一细长腔，壁肥厚，色灰白，称为蚓突。蚓突壁内有丰富的淋巴滤泡。结肠有两条相对应的纵横肌带和两列肠袋。其肠内容物在结肠内通过缓慢，可以充分消化。梭状部把结肠分为近盲肠与远盲肠。结肠的这种结构可能与兔排泄软硬两种不同的粪便有关。结肠与盲肠盘曲于腹腔的右下部，于盆腔处移行为较短的直肠，最后开口即为肛门。

兔发生腹泻病时，肠道有明显的变化，如发生魏氏梭菌下痢病时，盲肠肿大，肠壁松弛，浆膜多处有鲜红出血斑，黏膜有出血点或条状出血斑，大多数病例内容物呈黑色或褐色水样粪便，并常有气体。若患大肠杆菌下痢病时，小肠肿大，充满半透明胶样液体，并伴有气泡,盲肠内粪便呈糊状,也有的兔肠道内粪便像大白鼠粪便,外面包有白色黏液。盲肠的浆膜和黏膜充血,严重者会出血。

◎膀胱:是暂时贮存尿液的器官,无尿时为肉质袋状,在盆腔内;当充盈尿液时可突出于腹腔。兔每日尿量随饲料种类和饮水量不同而有变化。幼兔尿液较清,随生长和采食青饲料和谷粒饲料后则变为棕黄色或乳浊状。并有以磷酸铵镁和碳酸钙为主的沉淀。兔患病时常见有膀胱积尿,如球虫病、魏氏梭菌病等。

◎卵巢:母獭兔的卵巢位于肾脏后方,小如米粒,常有小的泡状结构,内含发育的卵子。子宫一般与体壁颜色相似。若子宫扩大且含有白色黏液则表明可能感染了沙门杆菌病或巴氏杆菌病或李氏杆菌病等。公兔生殖器也应注意检查。

⑤脑检查:脑膜、脊髓膜出腔室脉络丛血管明显扩张充血提示兔病毒性出血症。

⑥脓汁检查:若脓汁呈现乳白色提示兔巴氏杆菌病、波氏杆菌病、葡萄球菌病、沙门菌病;若脓汁有恶臭气提示坏死杆菌病;脓汁呈绿色且有特殊气味提示绿脓杆菌病。

5. 如何采集、保存病料

(1)病料采取

①怀疑某种传染病时,则采取该病常侵害的部位。

②提不出怀疑对象时,则可将完整兔送检。

③败血性传染病,如兔巴氏杆菌病、兔瘟等,可以采取心、肝、脾、肾、肺、淋巴结及胃肠等组织。

④专嗜性传染病或侵害某种器官为主的传染病,则采取该病侵害的主要器官组织,如兔结核病采取病变结节,兔魏氏梭菌性肠炎采取肠管及肠内容物,有神经症状的传染病采取脑、脊髓等。

⑤检查血清抗体时,则采取血液,待凝固析出血清后,分离血清,装入灭菌的小瓶送检。

(2)病料保存:采取病料后要及时进行检验,如不能及时进行检验,或须要送往外地检验时,应尽量使病料保持新鲜,以便获得正确结果。

①细菌检验材料的保存:将采取的组织块,保存于饱和盐水(蒸馏水 100 毫升,加入氯化钠 39 克,充分搅拌溶解后,用 3~4 层纱布过滤,滤液装瓶高压灭菌后备用)或 30％甘油缓冲液(化学纯甘油 30 毫升,氯化钠 0.5 克,碱性磷酸钠 1 克,蒸馏水加至 100 毫升,混合后高压灭菌备用)中,容器加塞封固。

②病毒检验材料的保存:将采取的组织块保存于 50％甘油生理盐水(中性甘油 500 毫升,氯化钠 8.5 克,蒸馏水 500 毫升,混合后分装,高压灭菌后备用)或鸡蛋生理盐水(先将新鲜鸡蛋表面用碘酒消毒,然后打开,将内容物倾入灭菌的容器内,按全蛋 9 份加入灭菌生理盐水 1 份,摇匀后用纱布滤过,然后加热至 56℃,持续 30 分钟,第二天和第三天各按上法加热 1 次,冷却后即可使用)中,容器加塞封固。

③病理组织学检验材料的保存:将采取的组织块放入 10％的福尔马林溶液或 95％的酒精中固定,固定液的用量应是标本体积的 10 倍以上。如加 10％福尔马林固定,应在 24 小时后换新鲜溶液 1 次。严冬季节可将组织块(已固定的)存在甘油和 10％福尔马林等量混合液中,以防组织块冻结。

(3)病料送检

①装病料的容器上要写明编号,附上病料详细记录和送检单。

②送检病料应按要求包装,如微生物检验材料怕热,应用水瓶冷藏包装。病理材料怕冻应放入保存液包装后送检等。

③病料经包装装箱后,要尽快送到检验单位,最好派专人送去。

④注意事项

◎采取病料要及时,一般应在死后立即进行,最迟不超过 3 小时。如时间过长,特别是夏天,组织变性和腐败不仅影响病原体的检出,也影响病理组织学检验的正确性。

◎应选择症状和病变典型的病例,最好能同时选择几种不同病程的病料。

◎采取病料的兔应是未经抗菌药或杀虫药物治疗的,否则会影响微生物和寄生虫的检出结果。

◎剖检取病料之前,应先对病情、病史加以了解和记录,并详细进行剖检前的检查。

◎病料应以无菌操作采取。为减少污染,一般先采取微生物学检验材料,然后结合病理剖检采取病理检验材料。

◎病料应放入装有冰块的保温瓶内送检,如无冰块,可在保温瓶内放入氯化铵 450~500 克,加水 1500 毫升,上层放病料,能使保温瓶内保持 0℃达 24 小时。

(三)兔病的用药

1. 兽用药物的剂量有哪些

药物剂量指给药时对机体产生一定反应的药量,通常指防治疾病用量,因为药物要一定剂量被机体吸收后才能达到一定药物浓度,只有达到一定药物浓度才能出现药物作用。如果剂量过小体内不能获得有效浓度,药物就不能发挥其效用。但如果剂量过大超过一定限度,药物作用可出现质变对机体可能产生不同程度毒性。因此要发挥药物作用同时又要避免其不良反应,就必须严格掌握用药剂量范围。

(1)剂量

①最小效量:药物达到开始出现药效的剂量。

②极量:指安全用药极限剂量。

③治疗量(常用量):指临床常用剂量范围,它比最小效量要高又比药物极限量要低。

④最小中毒量:指药物已超过极量使机体开始出现中毒的剂量。

⑤中毒量:指大于最小中毒量使机体中毒剂量。

⑥致死量:引起机体死亡剂量。

⑦药物安全范围:药物安全范围指最小效量与极量之间的范围,安全范围广药物其安全性大,安全范围窄药物其安全性小。

(2)药物剂量表示

①剂量计量单位

克(g)或毫克(mg):固体、半固体剂型,药物常用单位。1000克=1千克,1000毫克=1克。

毫升(ml):液体剂型,药物常用单位。1000毫升=1升。

单位(U)、国际单位(IU):某些抗生素、激素和维生素常用剂量单位。

②治疗剂量:治疗剂量包括一次量(即一次用量)、一日量(即一日内应用数次总用量)及一个治疗疗程治疗量(即持续数日、数周总用量)。

一般书籍、资料中治疗剂量多记载一次量,而一日量及一个疗程量如果没记载就必须根据药物特性、畜体特点(如日龄、品种、性别等)、机体对药物敏感程度及疾病严重程度等才能确定合理方案。

2. 如何给獭兔用药

药物的性质不同,也需要不同的给药途径,如油类制剂不能静脉内注射,氯化钙等强刺激剂只能静脉注射,而不能肌内注射,否则会引起局部发炎坏死。所以,临床工作中应根据病情的需要、药物的性质、动物的大小等选择适当的给药途径。

(1)内服给药:此法操作简单,使用方便,适用于多种药物,尤其是治疗消化道疾病。缺点是药物易受胃、肠内环境的影响,药量不易掌握,显效慢,吸收不完全。

①自行采食法:适用于毒性小、无不良气味的药物,兔尚有食欲,多用于大群预防性给药或驱虫。依药物的稳定性和可溶性,按

一定比例拌入饲料或饮水中,任兔自行采食或饮用。大群用药前,应先做小批的毒性及药效试验。

②投服法:适用于药量小、有异味的片(丸)剂药物,或者已废食的病兔。由助手保定病兔,操作者一手固定兔头部并捏住兔面颊使口张开,用弯头止血钳、镊子或筷子夹取药片(丸),送入会厌部,使兔吞下。

③灌服法:适用于有异味的药物或已废食的病兔。把药碾细加少量水调匀,用汤匙倒执(以柄代勺插入口角)或用注射器、滴管吸取药液从口角徐徐灌入。注意不要误灌入气管内,造成异物性肺炎。

④胃管投药:对一些有异味、毒性较大的药物或已废食的兔可采用此法。助手保定兔,固定好头部,投药者用开口器(木或竹制,长10厘米,宽1.8~2.2厘米,厚0.5厘米,正中开一个比胃管稍大的小圆孔)将兔嘴张开,将橡胶管、塑料管或人用导尿管作为胃管,涂上润滑油或肥皂,将胃管穿过开口器上圆孔,沿上腭后壁徐徐送入食道,连接漏斗或注射器即可投药。成年兔由口到胃深约20厘米。切不可将药投入肺内,当胃管抵达会厌部时,兔有吞咽动作,趁其吞咽时送下胃管。插入正确时,胃管吹得动、吸得住;误插入气管时,患兔咳嗽,胃管吹得动,而吸不住,胃管外端浸入盛水杯中出现气泡。投药完毕,徐徐拔出胃管,取下开口器。

(2)直肠给药:当发生便秘、毛球病等疾病时,有时内服给药效果不好,可采用直肠内灌注法。将兔侧卧保定,后躯稍高,用涂有润滑油的橡胶管或塑料管,经肛门插入直肠8~10厘米深,然后用注射器注入药液(药液应加热至接近体温),捏住肛门,停留5~10分钟,然后放开,让其自由排便。

(3)注射给药:注射给药法吸收快、奏效快、药量准、安全、节省药物,但须注意药物质量及严格消毒。

①皮下注射:选在颈部、肩前、腋下、股内侧或腹下皮肤薄、松

弛、易移动的部位。局部剪毛,用70％酒精棉球或2％碘酊棉球消毒,左手拇指、食指和中指捏起皮肤呈三角形,右手如执笔状持注射器,于三角形基部垂直于皮肤迅速刺入针头,放开皮肤,回抽活塞,不见回血后注药。注射完毕拔出针头,用酒精棉球压迫针孔片刻,防止药液流出。注射正确时可见局部鼓起。皮下注射主要用于防疫注射。

②皮内注射:通常在腰部和肷部。局部剪毛消毒后,将皮肤展平,针头与皮肤呈30°角刺入真皮,缓慢注射药液。注射完毕,拔出针头,用酒精棉球轻轻压迫针孔,以免药液外溢。注意每点注射药量不应超过0.5毫升。推药时感到阻力很大,在注药部出现一小丘疹状隆起为正确。皮内注射多用于过敏试验、诊断等。

③肌内注射:选在肌肉丰满处,通常在臀肌和大腿部。局部剪毛消毒后,针头垂直于皮肤迅速刺入一定深度,回抽活塞无回血后,缓缓注药。注意针头不要损伤大的血管、神经和骨骼。肌内注射适用于多种药物,油剂、混悬液、水剂均可用此法。但强刺激剂,如氯化钙等不能肌内注射。

④静脉内注射:多取耳外缘静脉,由助手保定兔,确实固定头部。剪毛消毒术部(毛短者可不剪毛),左手拇指与无名指及小指相对,捏住耳尖部,以食指和中指夹住并压迫静脉向心侧,使其充血怒张。静脉不明显时,可用手指弹击耳壳数下,或用酒精棉球反复涂擦刺激静脉处皮肤。针头以15°角刺入血管,而后使针头与血管平行向血管内送入适当深度,回抽活塞见血,推药无阻力,皮肤不隆起,为刺针正确,而后缓慢注药。注射完毕拔出针头,以酒精棉球压迫片刻,防止出血。

第一次刺针应先从耳尖部开始,以免影响以后刺针。要排净注射器内空气,以免引起血管栓塞,造成死亡。注射钙剂要缓慢。药量多时要加温。静脉注射多用于补液。油类药物不能静脉注射。

⑤腹腔内注射:选在脐后部腹底壁,偏腹中线左侧 3 厘米。剪毛消毒后,使兔后躯抬高,对着脊柱方向刺针,回抽活塞,如无气体、液体及血液后注药。刺针不应过深,以免损伤内脏。如怀疑有肝、肾或脾肿大时,要特别小心。当兔胃和膀胱空虚时,进行腹腔注射比较适宜。药液应加热与体温同高。腹腔内注射可用于补液(当静脉内注射困难或心力衰竭时)。

⑥气管内注射:在颈上 1/3 下界正中线上。剪毛消毒后,垂直刺针,刺入气管后阻力消失,回抽有气体,然后慢慢注药。气管内注射用于治疗气管、肺部疾病及肺部驱虫等。药液应加温,每次用药的剂量不宜过多。药液应为可溶性并容易吸收的。

(4)外用给药:主要用于体表消毒和杀灭体表寄生虫。外用给药应防止经体表吸收引起中毒。尤其大面积用药时,应特别注意药物的毒性、浓度、用量和作用时间,必要时可分片分次用药。

①点眼:结膜炎时可将治疗药物滴入眼结膜囊内,眼球检查有时也需要点眼。操作时,用手指将下眼睑内角处捏起,滴药液于眼睑与眼球间的结膜囊内,每次滴入 2～3 滴,每隔 2～4 小时滴 1 次。如为膏剂,则将药物挤入结膜囊内。药物滴入(挤入)结膜囊后,稍活动一下眼睑,不要立即松开手指,以防药物被挤出。

②洗涤:将药物配成适当浓度的水溶液,清洗眼结膜、鼻腔及口腔等部的黏膜、污染物或感染的创面等。常用的有生理盐水、0.3%～1%过氧化氢溶液(双氧水)、0.1%新洁尔灭溶液、0.1%高锰酸钾溶液等。

③涂擦:将药物制成膏剂或液剂,涂擦于局部皮肤、黏膜或创面上。主要用于局部感染和疥癣等的治疗。

④药浴:将药物配制成适宜浓度的溶液或混悬液,对兔进行洗浴。要掌握好时间,时间短效果不佳,时间过长易引起中毒。主要用于杀灭体表寄生虫。

3. 如何保管兽药

(1)保管方法

①一般药品都应按兽药规范中该药"贮藏"项下的规定条件,因地制宜地贮存与保管。

◎密闭:是指将容器密闭,防止灰尘和异物进入,如玻璃瓶、纸袋等。

◎密封:是指将容器密封,防止风化、吸潮、挥发或者异物进入,如带紧密玻璃塞或木塞的玻璃瓶、软膏管等。

◎熔封或严封:是指将容器熔封或以适宜材料严封,防止空气、水分侵入和防止污染,如玻璃安瓿等。

◎遮光:是指用不透光的容器包装,例如棕色容器或用黑纸包裹的无色玻璃容器及其他适宜容器。

◎干燥处:是指相对湿度在75%以下的通风干燥处。

◎阴凉处:是指温度不超过20℃。

◎凉暗处:是指避光并温度不超过20℃。

◎凉处:是指温度2～10℃。

②根据药品的性质、剂型,并结合具体情况,采取"分区分类,货物编号"的方法妥善保管。堆放时要注意兽药与人药分区存放;外用药与内服药分别存放;杀虫药、杀鼠药与内服药、外用药远离存放;外用药与内服药以及名称易混淆的药均宜分别存放。

③建立药品保管账,经常检查,定期盘点,保证账目与药品相符。

④药品库应经常检查清洁卫生,并采取有效措施,防止生霉、虫蛀和鼠咬。

⑤加强防火等安全措施,确保人员与药品的安全。

(2)药品的有效期

①有些稳定性较差的药品,在贮存过程中,药效有可能降低,毒性可能有增高,有的甚至不能药用,为了保证用药安全有效,对

这类药品必须规定有效期,即在一定贮存条件下能够保证质量的期限。

②对有效期的产品,严格按照规定的贮存条件进行保存,要做到近期先出,近期先用。

(3)购买注意事项

①兽药包装必须贴有标签,注明"兽用"字样并附有说明书。标签或者说明书上必须注明商标,兽药名称、规格、企业名称、产品批号和批准文号,写明兽药的主要成分、作用、用途、用量、有效期和注意事项等。

②兽药出厂时必须附有产品质量检验合格证,无合格证的不要购买。

四、兔场常见疫病的防治问题

1. 如何治疗兔瘟

兔瘟即兔病毒性出血症,是由出血症病毒引起兔的一种急性、热性、败血性、高度接触性传染、毁灭性的传染病,目前还是獭兔的头号"杀手"。近年来该病明显呈现了早龄化、非典范性和散发型特点。发病年龄呈多元化趋势,尤其是刚断乳的仔兔也有产生,最早在 40 日龄左右。

(1)发病特点:本病一年四季均可发生,北方以冬春多发。据资料统计,3 月和 10 月是流行高峰期。一般以 3 个月以上的青年兔、成年兔、哺乳母獭兔呈急性暴发性流行,具有明显的流行期和高峰期,约持续 10 天左右,待兔群中大批易感兔发病或死亡,疫情停息,新流行区较明显。

主要传染源首先是病兔和带毒兔,通过呼吸道、消化道、皮肤和黏膜伤口直接接触传播;其次通过病兔、带毒兔的分泌物、排泄物,死兔内脏器官、血液、毛、皮、污染饲料、水、用具、兔舍、空气、野鼠、狗、猫等间接传播。

本病只有兔传染,易感性高,毛用兔易感性高于皮用兔,青、紫蓝兔和本地兔发病率较低。

(2)临床症状:本病潜伏期为2～3天,人工接种38～72小时,其临床症状分最急性型、急性型和慢性型三型。

①最急性型:发生于流行初期,病兔无任何前兆,突然蹦跳几下,抽搐、惨叫几声即倒毙死去;有的昏睡夜间死去。死后角弓反张,少数病例的鼻孔流出红色泡沫样液体,肛门松弛,周围有少量淡黄色黏液附着肛门周围。

②急性型:病兔精神沉郁,被毛粗乱,结膜潮红,体温升高达41℃以上,体温持续12～18小时,食欲减少或废绝。病兔呼吸迫促,体温下降,出现症状后24～48小时左右死亡,在临死前短期兴奋,挣扎,撞击笼架,高声尖叫,抽搐。少数病例鼻孔流出泡沫状的液体,死后角弓反张姿势,尸僵较快。

③慢性型:在流行后期或老疫区病程较长,多见老龄兔或3个月左右的幼兔。精神不振,被毛杂乱无光泽,采食减少,迅速消瘦,衰竭而死亡,肛门松弛,有杏黄色胶冻样液体污染被毛。耐过病兔,死亡率不高,生长缓慢,发育不良,呈长期带毒者,后期可测出特异性抗体。

(3)病理变化:最急性、急性型患兔全身实质器官淤血,水肿、出血为主要特征。患病兔的喉头和气管黏膜严重淤血,尤其是气管环最为显著,在气管和支气管腔内有泡沫状血液,肺严重出血切开,肺组织流出多量红色泡沫状液体。胆囊肿大,充满稀薄的胆汁。胃脏淤血,呈暗红色,皮质有散在性针头大小暗红色的出血点,病程较长的胃呈灰黄色或灰白色坏死,最急性型病例,胃内充满食糜,胃黏膜脱落。急性型病例胃内容物少,胃黏膜脱落。蚓突的浆膜下和肌层有漫性或散在性针头和粟粒大的出血点,直肠黏膜充血,子宫、睾丸淤血。

（4）诊断：根据流行特点和病理变化一般可做出初步诊断。本病主要呈败血性变化，和兔败血型巴氏杆菌病相似，因此应注意鉴别。但巴氏杆菌病常呈散发或地方性流行，无明显年龄界限；肝有许多坏死点；呼吸器官、心脏及肠黏膜虽有出血变化，但不及本病的明显；肾不肿大，无明显色泽改变。

（5）治疗：目前对本病无特效疗法，当流行暴发兔瘟时，将病兔隔离饲养，进行临床诊断和病原学的检查，如对尸兔解剖、镜检、染色、小动物接种来排除巴氏杆菌病，对所有兔全群打一次兔瘟高免血清或兔瘟组织灭活苗，在饲料内拌入病毒唑和磺胺类药物，防止继发感染。

当病情控制后，必须彻底消毒兔舍、用具、饲盆、饮水器具。用2%烧碱、百毒杀、78消毒精均可消毒。对死兔一律深埋或无害化处理，对污染的粪、尿、排泄物、垫草要深埋，再彻底消毒一次。10～15天再注射一次兔瘟组织灭活苗。

（6）预防

①定期对兔舍、产仔箱、笼架、场地消毒。禁止外来人员参观，对新购入种兔要隔离观察，注射兔瘟疫苗7天后才能合群饲养，兔场门口要设消毒池和消毒垫。

②每年定期自繁自养的兔，要分别饲养，按期注射疫苗，进行预防。对成兔一年注射2～3次兔瘟、巴氏杆菌二联苗。未免疫兔群初生30～45天第一次免疫，60天再免疫一次，然后每年注射2～3次（有条件的20～30天首免，在45天强免一次兔瘟疫苗）。根据兔场条件用兔瘟、巴氏杆菌、魏氏梭菌三联苗注射较理想。

2. 如何治疗巴氏杆菌病

兔巴氏杆菌病是由多杀性巴氏杆菌引起的一种急性传染病，又称兔出血性败血症。獭兔对该病原非常易感，由于感染部位的不同，表现为传染性鼻炎、地方流行性肺炎、中耳炎、结膜炎、子宫脓肿、睾丸炎、脓肿病灶及全身败血症等形式。常引起大批发病和死亡,是獭兔的主要细菌性疾病之一。

(1)发病特点:多杀性巴氏杆菌广泛分布于世界各地,对多种动物和人均有致病性。35%～75%的兔鼻黏膜及扁桃体带有本菌,但不表现症状。引进带菌兔是发生和流行本病的重要原因,特别是当饲养管理和卫生条件差、兔舍过分拥挤、长途运输及其他疾病等应激因素的作用,使机体抵抗力降低时,存在于兔体内的病原菌大量繁殖,毒力增强而引起本病在兔群中暴发传播。病兔和带菌兔是此病流行的主要传染源,病原菌随病兔的唾液、鼻涕、粪便以及尿液等排出,污染饲料、饮水、用具和环境,经呼吸道、消化道、皮肤或黏膜伤口感染。

本病的发生无明显季节性,但以冷、热季节发病较多,呈散发或地方流行性,一般发病率在20%～70%。如不及时采取有效措施,可造成全群覆灭。

(2)临床症状:潜伏期一般为1～6天,通常根据感染部位的不同分为以下几种病型。

①传染性鼻炎型:常见的一种病型,以浆液性、黏液性或黏液脓性鼻液为特征。发病初期主要表现为上呼吸道卡他性炎症,流浆液性鼻液,而后转为黏液性以及脓性鼻液。病兔经常打喷嚏、咳嗽。由于分泌物刺激鼻黏膜,常用前爪擦鼻部,使局部被毛潮湿、缠结、甚至脱落;上唇和鼻孔皮肤黏膜红肿、发炎,而后,鼻液变得更多、更稠,在鼻孔周围结痂,堵塞鼻孔,致使病兔呼吸困难,同时,细菌通过喷嚏、咳嗽污染环境,感染其他易感兔。另外由于病兔经常抓擦鼻部可将病菌带入眼内、耳内或皮下,从而引起化脓性结膜炎、角膜炎、中耳炎、皮下脓肿、乳腺炎等并发症。

②地方流行性肺炎型:病兔开始表现食欲不振和精神沉郁,肺实质虽发生突变,但往往没有呼吸困难的表现,很少能见到明显的肺炎症状,常以败血症而迅速死亡。

③中耳炎型:又称斜颈病,单纯的中耳炎可以不出现临床症

状。在发现的病例中,斜颈是主要的临诊表现。斜颈是细菌感染扩散到内耳或脑部的结果,而不是单纯中耳炎的症状。严重时病兔吃食、饮水困难。体重减轻,可能出现脱水现象。如感染扩散到鼓膜、脑膜和脑,则可能出现运动失调和其他神经症状。

④结膜炎型:幼兔主要表现眼睑中度肿胀,结膜发红,在眼睑处经常有浆液性、黏液性或黏液脓性分泌物存在。炎症转为慢性时,红肿消退,而流泪经久不止。

⑤脓肿型:可发生于皮下和任何内脏器官。体表热、肿、痛、有波动感,易于查出,而内脏器官,如肺脏、肝脏、心脏等发生的脓肿往往不表现临床症状。一旦脓肿发生转移,也可以引起败血症及死亡。

⑥生殖系统感染型:多见于成年兔。母獭兔感染后通常没有明显的临床症状。但有时表现为不孕,并伴有黏液脓性分泌物从阴道流出,如转为败血症,则往往造成死亡。公兔感染后,表现一侧或两侧的睾丸肿大。

⑦败血症型:死亡迅速,通常不见临诊症状。如与其他病型(常见的为鼻炎和肺炎)联合发生,则可看到病兔体温升高到40℃以上及相应的临床症状。

(3)病理变化:各种病型变化不一致,但往往有两种或两种以上联合发生。

①鼻炎型的病变:视病程长短而定。当疾病从急性向慢性转化时,鼻液从浆液性向黏液性、黏液脓性转化,鼻孔周围皮肤发炎,鼻窦和副鼻窦内有分泌物,鼻窦内层黏膜红肿。在转为慢性的阶段,仅见黏膜呈轻度到中度的水肿增厚。

②地方流行性肺炎型:通常呈急性纤维素性肺炎变化,以肺脏的前下方最为常见。开始时呈急性炎症反应,表现为实变,肺实质内可能有出血,胸膜面可能有纤维素覆盖,消散时,肺膨胀不全变得明显起来。如果肺炎严重,则可能有脓肿存在,脓肿为纤维组织

所包围,形成脓腔或整个肺炎叶发生空洞,是慢性病程最后阶段常发生的现象。

③中耳炎型:主要是一侧或两侧鼓室有奶油状的白色渗出物。病的早期鼓膜和鼓室内壁变红,鼓室内壁上皮可能含有很多坏死细胞,黏膜下层有淋巴细胞和浆细胞浸润,有时鼓膜破裂,脓性渗出物流入外耳边,中耳或内耳感染如扩散到脑,可出现脓性脑膜脑炎的病变。

④生殖系统感染型:母獭兔子宫炎和子宫积脓,公兔的睾丸和副睾丸肿大,质地坚硬,有的伴有脓肿。

⑤脓肿型:全身各部皮下、内脏器官有脓肿。

⑥结膜炎型:多为两侧性,眼睑中度肿胀,结膜发红,分泌物常将上下眼睑粘住。

⑦败血症型:因死亡十分迅速,大体或显微变化很少见到。胸腔和腹腔器官有充血、出血,浆膜下和皮下有出血。如与其他病型合并发生,可出现其他病型的病变。

(4)诊断:根据流行特点、症状和病理变化,可做出初步诊断,确诊必须进行细菌学检查。诊断时应注意全身性败血症型与兔病毒性出血症相区别;鼻炎型与波氏杆菌鼻炎相区别;肺炎型与波氏杆菌和葡萄球菌性化脓相区别;胃肠炎型与其他腹泻性疾病相区别。

(5)治疗

①链霉素每兔5万～10万单位、青霉素2万～5万单位,混合一次肌内注射,一日2次,连用3天。

②庆大霉素每兔4万单位,1次肌内注射,一日2次,连用3天。

③磺胺二甲基嘧啶内服量每千克体重0.1克,每日1次,肌内注射量每千克体重0.07克,每日2次,连用4天。

（6）预防

①兔群应自繁自养，禁止随便引进种兔；必须引进时，应先检疫并观察1个月，健康者方可进场。

②加强饲养管理与卫生防疫工作，严禁畜、禽和野生动物进场。

③有本病的兔场可用兔巴氏杆菌苗或禽巴氏杆菌苗作预防注射。

④一旦发现本病，立即采取隔离、治疗、淘汰和消毒措施。

3. 如何治疗大肠杆菌病

兔大肠杆菌病又称黏液性肠炎，是由致病性大肠杆菌及其产生的毒素所引起的一种暴发性肠道性疾病，以断奶后不久的幼兔多发，且缠绵时间长，反复发作，死亡率高。

（1）发病特点：本病多引起断奶后仔獭兔、青年獭兔腹泻，成年兔便秘。各种成年兔均可发生急性败血症，有时会发生肺炎、胸腔积液、结膜炎等。

病兔和带菌者是本病的主要传染源，通过粪便排出病菌，散布于外界，污染水源、饲料等，多经消化道而感染。另外，仔獭兔饥饿或过饱，饲料不良，配比不当或突然改变，气候剧变，易于诱发本病。大型养兔场密度过大，通风换气不良，用具及环境消毒不彻底，是加速本病流行不容忽视的因素。

本病一年四季均可发生，尤以春、冬季较多发。

（2）临床症状：潜伏期4～6天，最急性者可突然死亡而不显任何症状。初生仔兔常呈急性过程，腹泻不明显或排黄白色水样粪便，腹部膨胀，约1～2天死亡。多数病兔初期腹部膨胀，粪便细小、成串，外包有透明胶冻状黏液，随后出现水样腹泻，食欲减退，尾及肛周有粪便污染，精神差，病兔四肢发冷，磨牙，流涎，眼眶下陷，迅速消瘦。便秘病兔精神沉郁，被毛粗乱，废食，兔粪细小，常卧于兔笼一角，逐渐消瘦死亡。

当发生结膜炎时,初期病兔患眼流泪,眼睑肿胀,结膜红肿,毛细血管充血,继而患眼出现浆液性、脓性分泌物,分泌物流经处可发现被毛脱落,皮肤破溃,表皮发红。有的兔在脸部出现脓疱,后期失明,精神沉郁,少食,最后死亡。

(3)病理变化

①腹泻病兔剖检:胃膨大,内充满多量液体和气体,胃黏液有针尖大出血点;十二指肠充满气体和染有胆汁的黏液;空肠、回肠肠壁薄而透明,内有半透明胶冻样液体,并混有气泡;结肠扩张,内有透明样黏液;结肠和盲肠黏膜充血,有时浆膜上有出血斑点,有的盲肠壁半透明,内充满大量气体;胆囊扩张,黏膜水肿;膀胱常胀大,内充满尿液。

②便秘病死兔剖检:可见盲肠、结肠内容物较硬且成形,上有胶冻样物质,肠壁有时有出血斑点,肠系膜淋巴结肿大,肝脏、心脏有小点坏死病灶。败血型可见肺部充血、淤血,局部肺实质变,有的病兔胸腔内有大量灰白色液体,肺与胸膜相粘连。

(4)诊断:根据流行病学、临床症状、病理变化可做出初步诊断。确诊常进行细菌学检查,镜下出现革兰阴性杆菌,两极染色略深,培养物进行生化反应及血清学鉴定,符合大肠杆菌的反应模式时,多可做出判定。本病应与兔球虫病相区别。

近年来,脱氧核糖核苷酸(DNA)探针技术和聚合酶链反应(PCR)技术已被用来进行大肠杆菌的鉴定,这两种方法被认为是目前最特异、敏感和快速的检测方法。

(5)治疗

①链霉素肌内注射,每次每千克体重20毫克,每日2次,连用4～5天。

②氯霉素肌内注射,每次每千克体重20～25毫克,每日2次,连用4～5天。

③氯霉素口服,每次每千克体重20～25毫克,每日3次,连用

5 天。

④呋喃唑酮口服,每次每千克体重 15 毫克,每日 3 次,连用 3 天。

⑤磺胺脒(每千克体重 100 毫克)、呋喃唑酮(每千克体重 15 毫克)、酵母片(1 片)混合口服,每日 3 次,连用 4～5 天。也可用大蒜酊或大蒜泥口服治疗。

⑥螺旋霉素,每次每天每千克体重 20 毫克,肌内注射。

⑦黏菌素,每天每千克体重 0.5～1 毫克,肌内注射。

⑧庆大霉素,每次每千克体重 1～1.5 毫克,肌内注射,每天 3 次。

⑨硫酸卡那霉素,每次每千克体重 5 毫克,肌内注射,每天 3 次。

⑩恩诺沙星,每次每千克体重 0.25～0.5 毫升,肌内注射,每天 2 次,连续 3～5 天。

(6)预防:预防本病,可用兔大肠杆菌病多价灭活疫苗或多联苗进行免疫注射。另外,应加强饲养管理,防止频繁更换饲料和饲喂霉烂变质饲料,仔兔断奶前后的饲料必须坚持循序渐进地更换和合理搭配,减少各种应激因素的刺激;避免长期使用几种药物,及时对药物进行更新,以免产生耐药性;保持兔场的清洁卫生,经常对环境消毒,比如用 1∶200 倍复合酚,坚持每半月对兔舍笼、饲养用具消毒一次,或 0.5% 消毒王带兔喷雾消毒。

4. 如何治疗沙门杆菌病

本病是由鼠伤寒沙门杆菌引起,故又名兔沙门杆菌病。本病以败血症、腹泻和怀孕后期(25 天后)母獭兔流产和死胎为特征。流产母獭兔死亡较多,未死亡的母獭兔康复后配种不易着床受胎。

(1)发病特点:本病一年四季均可发生,主要发生于 25 日龄以后的母獭兔,发病率高达 57%,流产率为 70%,致死率为 49%。

病兔和带菌兔是主要的传染源。主要传播途径是消化道,幼兔也可经子宫内及脐带感染。健康兔吃了被污染的饲料、饮水而发病。健康兔肠道内在正常情况下也寄生有沙门杆菌,在管理条件不善、气候变化、卫生条件差,兔机体抵抗力下降时,病原体可大量繁殖,也会引发本病。此外,鼠类、鸟类及苍蝇也能传播本病。

(2)临床症状:少数獭兔发病呈最急性型,不出现症状而突然死亡。临床上常见的是急性型和慢性型。病兔精神沉郁,食欲废绝,体温升高,呼吸困难,腹泻,排出有泡沫的黏液性粪便。母獭兔从阴道内排出脓性或黏性液体,阴道黏膜潮红水肿。孕兔发生流产后多数死亡,少数康复兔,则不易再受孕。

(3)病理变化:突然死亡的病獭兔呈败血症病变,多数病兔内脏器官充血和有出血斑,胸、腹腔有大量积液和纤维素性渗出物。病程较长的,可见气管黏膜充血和出血、有红色泡沫,肺水肿、实变,肝脏表面有针尖大小的坏死灶。脾充血肿大,肾肿大。肠黏膜充血、出血,有弥漫性灰白色粟粒大的结节,肠系膜淋巴结充血水肿,怀孕母獭兔或流产母獭兔出现化脓性子宫炎及溃疡症状。

(4)诊断:根据发病原因、临床症状做出初步诊断,再进行病理变化、实验室诊断(涂片染色镜检、细菌培养、动物实验、生化反应、药敏试验)等结果确诊。诊断时应注意将本病与大肠杆菌病相区别。

(5)治疗:治疗时,应将病兔隔离,病兔、健兔均应投喂药物,同时保证足疗程和足剂量给药。

①氯霉素肌内注射,每次每千克体重20~25毫克,每日2次,连用3~4天。

②氯霉素口服,每次每千克体重20~25毫克,每日2次,连用3天,也可用土霉素、链霉素。

③琥珀酰磺胺噻唑,每次每千克体重0.1~0.3克,每日分2~3次内服。

④大蒜洗净捣烂,加适量凉开水灌服,每日 3 次,连用 5 天。

⑤强力痢舒清注射液,按每千克体重肌注 0.5 毫升,1 日 2 次,连用 2～3 天。

⑥炎炎通泰饮水剂,按每千克饮水用药 2～4 克,或每千克饲料用药 4～8 克,混匀后自由饮水或采食,连用 3～5 天。

⑦环丙沙星可溶性粉,按每千克水用药 0.75～1.25 克,或每千克饲料用药 1.5～3.0 克,混合均匀后分别自由饮水或采食,连喂 3～5 天。

⑧黄连 90 克,黄芪 60 克,黄柏 60 克,马齿苋 90 克,加水 3000 毫升用文火煎至 1500 毫升,供兔自由饮用,或取药液按每千克体重给病兔灌服 3～5 毫升,1 日 2 次,连喂 3 天。

(6)预防

①兔场要做好灭蝇、灭鼠工作,经常用 2％火碱或 3％来苏儿消毒。发病兔、病死兔应及时治疗、淘汰或销毁。

②搞好饲养管理和环境卫生,消除各种应激因素,可减少本病的发生。

③兔场要进行定期检疫,淘汰感染兔。引进的种兔要进行隔离观察,淘汰感染兔、带菌兔,建立健康的兔群。

④对怀孕初期的母獭兔可注射鼠伤寒沙门菌灭活苗,每次颈部皮下或肌内注射 1 毫升,每年注射 2 次。

5. 如何治疗葡萄球菌病

兔葡萄球菌病是由金黄色葡萄球菌引起的一种常见病,以致死性败血症变化和几乎可以发生于任何器官和部位的化脓性炎症为特征。本病分布广泛,世界各地都有发生。

(1)发病特点:葡萄球菌在自然界分布很广泛,空气、饲料、饮水、土壤、灰尘和各种动物体表都有染附,动物的皮肤、黏膜、肠道、扁桃腺体、乳房和爪甲缝等也有寄生。各种年龄、不同性别的獭兔都可感染。病兔不断从脓汁、排泄物及分泌物中排出病原菌,污染周围环境。其传播途径主要是经皮肤和黏膜感染,尤其在外伤时最易发生。但也可通过直接接触、呼吸道和消化道等途径感染。哺乳母獭兔的乳头是本病进入机体的重要门户。

此外,外界不良的卫生条件,兔笼的结构不合理以及不适当的饲料配比,特别是蛋白质饲料过多,均可诱发本病的发生。

(2)临床症状:根据病菌侵入的部位和扩散的情况不同,表现多种不同症状。潜伏期2～5天。

①脓肿及转移性脓毒血症:在全身各部位皮下或肌肉、内脏器官形成一个或几个脓肿。病变部初期红肿、硬实,后形成脓肿,大小不一。皮下脓肿经1～2个月后能自行破溃,流出脓汁,破溃口经久不愈。脓液通过抓伤和血流扩散到其他部位,当脓肿向内破溃时,即发生全身性感染,呈现脓毒血症,病兔迅速死亡。

②乳房炎:母獭兔产仔初期由乳头或乳房皮伤而感染。体温升高,乳房发硬或紫红或蓝紫色,逐渐增大,乳汁中混有脓液或血液。

③仔兔急性肠炎:仔兔吃了患乳房炎母獭兔的乳汁而引起急性肠炎。全窝发病,肛门周围被毛污秽、腥臭,患兔昏睡;体质衰弱,经2～3天死亡。

④仔兔脓毒败血症:仔兔出生后2～3天,皮肤上出现粟粒大的脓肿,多数病兔在2～5天呈败血症死亡。少数病兔的脓疱逐渐变干、消失而痊愈。

⑤脚皮炎:在兔脚掌心和侧面皮肤开始出现充血、发红、肿胀和脱毛,继而形成不愈的溃疡,病兔行动困难,食欲减退;消瘦。如发生全身感染,呈败血症死亡。

(3)病理变化:病兔不同部位皮下和内脏器官有数量不等、大小不一的脓疱,疱膜完整,内含浓稠的乳白色脓液或破溃而流出脓汁。

(4)诊断:根据临诊症状和病理变化可以做出诊断,必要时通过细菌学、免疫学方法做出确诊。

(5)治疗:本病的治疗最好在药敏试验的基础上选择合适的药物。据报道,新型青霉素应列为首选治疗药物。其他如红霉素、庆大霉素和卡那霉素等也可考虑合用或单用。还可用7.5%海康注射液,按每千克体重10毫克肌内注射或皮下注射,每天1次,连用2~3天,越早治疗效果越好。局部脓肿、足跖面皮炎和外生殖器炎症,可按一般外科方法处理,或结合全身治疗。如切开皮下脓肿排脓后,用3%过氧化氢溶液或0.2%高锰酸钾溶液冲洗,然后涂以碘甘油等;对足跖面皮炎,要检查笼底是否合乎要求,必要时应更换软草。先用1%的过氧化氢溶液冲洗患部,再用5%碘酊或5%甲紫酒精溶液涂擦,并施行局部或全身性治疗。

(6)预防:预防可用分离到的葡萄球菌灭活苗进行免疫接种,母獭兔配种后接种,仔兔断乳后接种,每年2次。也可选用抗生素,混合在饲料和引水中,作为预防给药。另外,由于葡萄球菌广泛分布于自然界,所以本病的预防应主要依靠加强饲养管理和做好经常性的兽医卫生工作,包括以下几点:

①经常保持兔舍、兔笼和运动场的清洁卫生,定期消毒,防止和避免兔体外伤。

②加强饲养管理,尤其产仔后和断乳前的母獭兔,要视情况适当减少优质精料和多汁青料,以预防由于乳汁过多、过浓和积乳而发生乳房炎。

③预防本病的发生,可用0.2%土霉素粉或0.04%新诺明粉拌料,连喂3~5天,还可用金黄色葡萄球菌培养液制成灭活苗,每兔皮下注射1毫升,预防本病的流行。

④发现病兔及时隔离,并进行治疗,对环境进行彻底消毒。

6. 如何治疗波氏杆菌病

波氏杆菌病是由波氏杆菌属中的波氏杆菌引起的,为兔类的一种多发性呼吸道传染病,简称波氏杆菌病。

(1)发病特点:本病在春秋季节多发,经调查由于保温措施不当或各种应激因素的影响,如气候骤变、感冒、强烈刺激性气体的刺激、寄生虫等,使带菌兔的上呼吸道黏膜脆弱,抵抗力下降,本菌乘虚而入,感染发病。主要传染途径为呼吸道,如打喷嚏、咳嗽随呼吸道将鼻腔分泌物排出外界污染环境。该病的传染源为带菌兔和病兔,仔獭兔和青年獭兔呈急性经过,易与巴氏杆菌病、李氏杆菌病继发感染为多见。成年獭兔呈慢性经过。鼻炎型呈地方流行,支气管肺炎型呈散发性流行。

(2)临床症状:病兔表现精神不振,食欲降低,呼吸困难,不愿活动,目光呆滞,精神沉郁,食欲废绝。病程一般是7~28天死亡,急性发作7天之内死亡。

①鼻炎型:病兔精神不佳,闭眼,鼻孔流出清水样鼻涕,病兔打喷嚏,呼吸困难,经常用前爪抓擦鼻部,鼻孔周围及前肢部湿润,被毛污秽不洁,鼻腔黏膜充血,流出多量浆液性或黏液性分泌物,有的病兔甩头,不断地排出鼻腔分泌物,引起鼻部炎症出血,患兔渐渐消瘦,体重减轻,最后衰竭死亡,成年獭兔转入慢性型或支气管肺炎型。

②支气管肺炎型:有的患兔鼻炎经久不愈,细菌下行至支气管或肺部,引起鼻腔黏膜红肿、充血,有多量黏液流出,为白色黏液脓性分泌物,打喷嚏,呼吸困难,鼻孔形成堵塞性痂皮,有鼻鼾声,患兔食欲下降,进行性消瘦,病程达数月之久,有的继发巴氏杆菌或败血症而死亡,有转入慢性成为带菌者呈地方性流行。

(3)病理变化:鼻腔黏膜、咽喉及支气管内有淡黄色泡沫状浆液性和黏液性分泌物,喉头充血、水肿,气管黏膜充血、出血;肺部肿大并有多量大小不一的脓疱,表面凹凸不平,也有的有多量密集小脓疱,肺部表面粗糙呈棕褐色病变区,切开病变区有液体流出,慢性病程的肺上面有大小不等、数量不一的化脓灶,小如粟粒,大如鹌鹑蛋,在脓疱内有黏稠性乳白脓汁,肝脏肿胀、淤血,质地变硬,表面有少量细小脓疱,有的病例在屠宰后检查肺部有病变,也有的可见心包炎或化脓性胸膜炎等。

(4)诊断:从临床上特殊症状和病变结合流行病学可初步诊断,最好进行实验室诊断确诊。在临床症状上与巴氏杆菌病、葡萄球菌病相鉴别。

(5)治疗:发病后,对严重病兔淘汰。而临床症状轻微,用氧氟沙星连续使用5天即可,在病兔停止死亡或病情减轻,可用诺氟沙星按100毫克/千克饲料拌料。另可选择卡那霉素每千克体重5毫克,每天2次,肌内注射,或用新霉素,每千克体重40毫克,每天2次,肌内注射等。将病兔粪彻底清除,禁止将死兔剥皮吃肉,必须深埋或烧毁。兔舍再彻底消毒1次。

(6)预防:平时加强饲养管理,定期消毒,兔舍通风良好,对健康兔群进行支气管败血波氏杆菌灭活苗预防注射,每兔皮下或肌内注射1毫升。免疫期4~6个月,每年注射2次。平时每天临床检查,有呼吸异常或鼻炎,应将病兔隔离饲养。兔场最好自繁自养,到外地引进种兔,要隔离饲养15~30天,经临床与血清学检查阴性方可合群饲养。

7. 如何治疗魏氏梭菌病

本病又称兔魏氏梭菌性肠炎,是由A型和E型魏氏梭菌所产生外毒素引起的肠毒血症。以急性腹泻、排黑色水样或胶冻样粪便、盲肠浆膜出血斑和胃黏膜出血、溃疡为主要特征。发病率与死亡率较高。除哺乳仔兔外,不同年龄、品种、性别的獭兔对本病均有易感性。

(1)发病特点:一年四季均发病,冬、春为发病高峰期,各种年龄易感,以1~3月龄多发。主要经消化道感染,长期运输、饲养管理不当、饲料霉变、精料过多,易诱发本病。

(2)临床症状:按病程、潜伏期的长短,本病可分为最急性型和急性型。

①最急性型：突然发作，急剧腹泻，很快死亡。有的病兔精神沉郁，蜷缩，被毛粗乱，食欲废绝，剧烈水泻，有特殊腥臭味，消化道充满气体和液体，腹部显著膨胀，肛围、后肢被稀粪沾污，若抓起病兔，黄色粪水从肛门流出，经1～2天后死亡。

②急性型：患兔突然不食，精神不振，粪便不成形，很快变为带血色、胶冻样或黑色或褐色腥臭的稀粪，污染肛围和后肢及尾部被毛。病兔严重脱水，体重迅速减轻，四肢无力，精神委顿甚至呈昏迷状态，有些病例呈现抽搐，也有的病例突然跳跃急跑，尖叫一声，很快倒地痉挛死亡。

(3)病理变化：尸体脱水、消瘦，腹腔有腥臭气味，胃内积有食物和气体，胃底部黏膜脱落，有出血和大小不一的黑色溃疡。肠壁弥漫性充血或出血，小肠充满气体和稀薄的内容物，肠壁薄而透明。肠系膜淋巴结充血、水肿，盲肠浆膜明显出血，盲肠与结肠内充满气体和黑绿色水样粪便，有腥臭气味。心外膜血管怒张，呈树枝状。肝与肾淤血、变性、质脆。膀胱多有茶色尿液。

(4)诊断：根据症状、病理变化和流行特点可做出初步诊断。确诊需用肠内容物上清液注射兔或小鼠，检查有无外毒素。

(5)治疗

①将死兔深埋，病兔隔离治疗。同时固定专人饲喂，工具、饲具专用。

②对未发病的獭兔用魏氏梭菌氢氧化铝灭活苗倍量进行紧急免疫接种。

③对病兔注射魏氏梭菌高免血清，按每只3～5毫克升，每日2次，隔天使用。

④病兔口服喹乙醇，每千克体重5毫克，同时注射卡那霉素，每千克体重20毫克，并配合腹腔注射5%葡萄糖生理盐水，20～50毫升/只，连用3～5天。

⑤用3%的烧碱溶液对兔舍和环境进行彻底消毒，水槽、料槽

用 0.1%新洁尔灭溶液浸泡刷洗,使疫情得到控制。

(6)预防:魏氏梭菌是一种条件性致病菌,所以应坚持以预防为主的方针。

①在饲养过程中,多投喂一些粗纤维含量高的饲料,以减少兔胃肠道的压力。

②加强兔舍的环境管理,要注意适时通风、兔舍的消毒以及保暖工作。

③定期注射魏氏梭菌氢氧化铝灭活疫苗。

④对于新引进的兔种要进行隔离观察后再进场。

8. 如何治疗水疱性口炎

本病是由水疱性口炎病毒引起的一种急性、热性传染病。其特征是口腔黏膜发生水泡性炎症并伴有大量流涎,故又称"流涎病"。具有较高的发病率和病死率。

(1)发病特点:自然情况下,本病主要危害 1～3 月龄的幼獭兔,最常见的是在断乳后 1～2 周龄的仔獭兔,成年獭兔较少发生。病兔是主要传染源,其口腔分泌物及坏死黏膜内含有大量病毒。其传染途径以消化道为主,当健康兔吃食被污染的饲料、饮水,病毒通过污染兔舍经唇和口腔黏膜而感染。饲喂霉烂或有刺激饲料而引起机体抵抗力降低或口腔黏膜有损伤时,更易诱发本病。一般在春秋两季发病率较高。

(2)临床症状:潜伏期 3～7 天,病初口腔黏膜潮红、充血,随后在唇、舌、硬腭及口腔黏膜等处出现粟粒至扁豆大的水疱,其内充满纤维素性清液,不久水疱破溃形成烂斑和溃疡,同时有大量涎水沿口角流出,使下腭、髯、颈、胸部和前爪粘湿,使该处被毛粘成一片,局部皮肤由于经常浸湿和刺激,发生炎症和脱毛。常由于细菌的继发感染,引起唇、舌、口腔及其他部位黏膜坏死,并伴有恶臭。由于口腔黏膜损害,食欲减退或不食,随着损害严重,则发热(重病者体温可升至 40～41℃),沉郁,腹泻,日渐消瘦,虚弱。病程一般

2～10 天,最后因衰竭而死亡。发病率为 67%,死亡率为 50% 左右。

(3)病理变化:口腔黏膜、舌和唇黏膜有水疱、糜烂和溃疡,咽、喉头部聚集着多量泡沫样的唾液,唾液腺肿大发红,胃扩张,充满黏稠的液体,肠黏膜特别是小肠黏膜有卡他性炎症变化,病兔尸体十分消瘦。

(4)诊断:根据本病典型水疱病变,特征性流涎症状,易发兔龄及发病有明显的季节性等流行特点,一般可做出诊断。但应与污染有真菌的饲料、化学刺激和有毒植物引起的口炎相区别,必要时通过实验室检查确诊。

(5)治疗:本病目前没有特效治疗方法,对病兔可做一些对症治疗,并用抗菌药物控制继发感染。

①对病兔和疑似病兔,用磺胺二甲基嘧啶治疗,每千克体重 0.2～0.5 克,每天内服 1 次,连续服 3 天;或用病毒灵 1 片(0.2 克),复方新诺明 1/4 片(0.125 克),维生素 B_1、维生素 B_2 各 1 片,共研磨,为 1 只兔 1 次内服量,每天 2 次,连服 2 天;也可用大青叶 10 克,黄连 5 克,野菊花 15 克,煎汤内服,此药量为 5 只兔一次剂量。口腔黏膜创面用 2% 硼酸或 2% 明矾溶液冲洗,然后涂以碘甘油,每天 1 次,连用 4 天;也可撒布青黛散或冰片散,每次 0.5 克,每天 2～3 次,连用 2～3 天。

②对病兔群中未发病兔,可用磺胺二甲基嘧啶预防,每千克精料内拌入 5 克,或每千克体重内服 0.1 克,每天 1 次,连用 3～5 天。

(6)预防

①平时应加强饲养管理,不要饲喂带有芒刺的饲草,清除饲料中的尖锐物,以防损伤兔的口腔黏膜;防止引进病兔,引入种兔必须隔离饲养观察 1 个月以上,健康兔方能混群;春、秋两季更要严格采取卫生防疫措施,定期用 2% 氢氧化钠或 0.5% 过氧乙酸对兔

舍、兔笼及其他用具消毒；兔群中发现病兔立即隔离，进行处置。

②为预防本病的流行，可用当地病兔的组织脏器和血毒制备的结晶紫甘油疫苗或鸡胚结晶紫甘油疫苗进行免疫接种。

9. 如何治疗兔痘

兔痘是由兔痘病毒引起的急性、热性、高度接触性传染病。各种年龄獭兔均可发生，以幼兔、妊娠母獭兔发病率和死亡率高。直接对养兔业的皮、毛收购带来巨大经济损失。

(1)发病特点：病兔的肺脏、肝脏、脾脏、血液、尿液、脓汁等含有病毒。因此，病兔是本病的主要传染源。可经呼吸道、消化道，皮肤和黏膜伤口直接接触感染。兔可以自然感染发病，一般发病无年龄特异性，幼兔和孕母獭兔发病后死亡率高，兔群内传播迅速，幼獭兔达70%，成年獭兔30%～40%可呈散发性，又能呈地方性流行。

(2)临床症状：潜伏期2～9天，后期达14天。病兔出现体温升高39.5℃左右，有鼻漏，精神不佳，胸淋巴结和腹股沟淋巴结肿大，发病5天在皮肤上出现红斑性疹，发展为丘疹，丘疹干燥，形成浅表痂皮。红斑和丘疹分布于体表皮肤，有的在鼻腔和口腔黏膜上，也在眼睑上，轻者羞明流泪呈眼睑炎，严重者发生化脓性眼炎或弥漫性、溃疡性角膜炎，甚至角膜穿孔，患虹膜炎和虹膜睫状炎。公獭兔严重睾丸炎，伴有阴囊水肿，在包皮和尿道也出现丘疹，母獭兔生殖道黏膜上也有同样病灶。病兔经7～10天死亡，也有的几周内死亡。

自然发病的兔痘，发热，不食，精神不安，出现结膜炎和下痢，无丘疹感染病兔1周内死亡。据报道，病兔经5天潜伏期后，病兔表现食欲废绝、腹泻、一侧或双侧眼睑炎。1～2天后在口、鼻、耳廓、腹部、背部、阴囊皮肤，肛门和肛门周围出现斑点，然后变成1厘米、微凸红色坚硬的丘疹(绝不变成水疱和脓疱症)，还能发生在生殖器官上。个别病例有神经症状，表现运动失调，痉挛，眼球震颤,有些肌群发生麻痹。肛门、尿道括约肌发生麻痹,同时继发支气管肺炎、喉炎、鼻炎、胃肠炎,孕母獭兔流产。感染 7～10 天死亡,慢性拖至几周死亡。

(3)病理变化:主要病变在皮肤,损害依丘疹发病轻重而定,有的广泛坏死和出血不等。丘疹发生身体各部位,口腔、鼻腔、肺脏、肝脏、脾脏可见到灶性坏死,有的在腹膜和网膜上有灶性丘疹;睾丸、卵巢、子宫出现水肿,有白色结节、出血或灶性坏死。

(4)诊断:按临床症状与特征性病理变化可初步诊断。若确诊,应在实验室做病原检查。本病特征性临床症状是皮肤上出现红斑性疹,发展到丘疹,丘疹干燥形成浅表痂皮,绝不形成水泡和脓疱,应与兔的葡萄球菌病加以区别。其次将病料涂片镜检,可见包涵体,而葡萄球菌为革兰阳性菌,镜下可见圆形或卵圆形葡萄串状金黄色葡萄球菌加以鉴别。

(5)治疗:若在感染威胁区的种兔,可用牛痘苗注射,起到一定的保护作用。据资料介绍,用利福平对兔痘病毒有效,也可用氨硫脲的靛红药物治疗,对局部用 0.1%高锰酸钾清洗,后用碘甘油或紫药水涂擦。

(6)预防:平时加强饲养管理,做好兔舍的清洁卫生工作,对兔粪、尿及时清除消毒,可用 3%石炭酸、0.1%碘液、百毒杀等,若有临床症状病兔进行隔离和淘汰。目前对本病的传染来源还不太明确的情况下,为了防止继发感染可用抗生素注射,同时在饲料内添加病毒唑和多种维生素,最好添加复合维生素 B,增强皮肤抵抗力。

10. 如何治疗链球菌病

本病是由溶血性 C 群兽疫链球菌引起的急性败血症。临床上以体温升高,呼吸困难、间歇性腹泻和死亡为主要特征,有的出现神经症状,主要危害幼獭兔。

（1）发病特点

①病菌存在于多种动物和健康兔的呼吸道、口腔和阴道中,所以带菌的家畜和病兔是主要传染源。

②病原菌一般是通过呼吸道、眼结膜、生殖道、皮肤伤口侵入体内。

③饲养管理不当及其他应激因素使机体抵抗力下降可诱发本病。

④一年四季均能发病,但以春秋两季多发。

（2）临床症状

①患兔体温升高、呼吸困难、不食、精神沉郁。

②表现间歇性腹泻,呈脓毒败血症而死亡。

③溶血性链球菌可引起中耳炎,临床表现为歪头等神经症状。

（3）病理变化:皮下组织呈出血性浆液性浸润,脾脏肿胀,出血性肠炎,肝脏、肾脏呈脂肪性变性。

（4）诊断:本病临床较难诊断,采取病变组织、呼吸道分泌物、化脓灶等涂片,革兰染色,镜检可见革兰阳性的短链球菌即可确诊。

（5）治疗:病兔可用青霉素、氨苄青霉素、磺胺类药物治疗。

①青霉素,每千克体重2万～4万单位,肌内注射,每天2次,连用3～5天;先锋霉素Ⅱ,每千克体重20毫克,肌内注射,每天2次连用3～5天;红霉素每千克体重20毫克,肌内注射,每天2次,连用3～5天;磺胺嘧啶钠每千克体重0.2～0.3克,内服或肌内注射,每天2次,连用3～5天,也可采用林可霉素或克林霉素。

②用抗溶血性链球菌高免血清配合治疗,每兔千克体重肌内注射2毫升,每天1次,连用2～3日,效果更佳。

③如果发生脓肿,就根据常规方法切开排脓,然后用2%洗必泰溶液冲洗,涂碘酊或碘仿合剂,每天1～2次连用5天。

（6）预防

①加强饲养管理和日常卫生防疫工作。

②发现病兔立即隔离治疗，用具与环境彻底消毒。

③平时可用磺胺类药物预防，每只兔 100～200 毫克，饮水或拌料每天 2 次，连用 3～5 天。

④有条件的可用当地分离的链球菌制成氢氧化铝灭活菌苗，每只兔肌内注射 1 毫升，预防本病的发生和流行。

11. 如何治疗土拉杆菌病

本病是由土拉杆菌引起的自然疫源性传染病，又名野兔热。原发于野生啮齿动物，是兔及家畜和人的共患传染病。

（1）发病特点：野生动物很易感，海狸鼠、水松鼠、狐、貂等均易感，呈地方性流行。对小白鼠、豚鼠、兔等最易感，同时可以通过兔直接接触人传染，特别是野兔肉、兔肠最严重。消化道、呼吸道、伤口黏膜间接传染。一般春、夏、秋季节多发。

（2）临床症状：潜伏期 1～10 天。按传播的途径不同，表现出临床症状以败血型为主。病兔高热，呼吸困难，食欲废绝，迅速死亡，个别病兔精神沉郁，不吃或运动失调，病程稍长衰竭而死亡。

一般病兔高度消瘦，衰弱，精神委靡，体表淋巴结肿胀发硬（颌下、颈下、腋下、鼠蹊），个别病兔有鼻炎症状，体温升高 1～2℃，体表淋巴结化脓，发热，白细胞增多，昏迷，经 1～2 周病兔死亡；轻者恢复健康。

（3）病理变化：急性死亡者，无特征病变。如病程较长，淋巴结显著肿大，色深红，切面见大头针头大小的淡黄灰色坏死点；淋巴结周围组织充血、水肿；脾肿大、色深红，表面与切面有灰白或乳白色的粟粒至豌豆大的结节状坏死；肝肿大，有散发性针尖至粟粒大的坏死结节；肾的病变和肝的相似。

（4）诊断：本病淋巴结、脾、肝、肾有特征的化脓性坏死结节，因此根据病变和细菌检查可做出诊断。

（5）治疗：治疗本病链霉素效果最有效，但后期治疗效果不理想。

①链霉素按每千克体重 20 毫克肌内注射，每日 2 次，连用 4 天。

②土霉素按每千克体重 20 毫克，用溶媒溶解后肌内注射，每日 2 次，连用 3 天。

③卡那霉素每千克体重 10～30 毫克肌内注射，每日 2 次，连用 4 天。

（6）预防

①按防疫规定引进种兔。

②消灭鼠类、吸血昆虫和体外寄生虫。

③及时治疗病兔，对病死兔应采取焚烧等严格处理措施。

④剖检病尸时要注意防止感染到人。

12. 如何治疗球虫病

球虫病是獭兔的最主要寄生虫病。在全球范围内普遍发生，具有发病率高、死亡率高、全年发病、控制难度大的特点。尽管市面上多种药物均可对球虫病有抑制作用，但本病发生有增无减。

（1）发病特点：本病一年四季均可发生，在南方梅雨季节常呈现发病高峰；在北方以夏、秋季多发，均呈地方性流行。断奶后至 3 月龄的獭兔最易感染，发病死亡率可达 50％以上。一般成年獭兔感染后带虫，极少发病死亡，但能排出卵囊。

（2）临床症状：球虫病的潜伏期一般为 2～3 天，有时潜伏期更长一些。病兔的主要症状为精神不振，食欲减退，伏卧不动，眼、鼻分泌物增多，眼黏膜苍白，腹泻，尿频。按球虫寄生部位本病可分为肠球虫病、肝球虫病及混合型球虫病，以混合型居多。肠型以顽固性下痢，病兔肛门周围被粪便污染，死亡快为典型症状。肝型则以腹围增大下垂，肝肿大，触诊有痛感，可视黏膜轻度黄染为特征。发病后期，幼獭兔往往出现神经症状，表现为四肢痉挛、麻痹，最终因极度衰弱而亡。

(3)病理变化

①肝球虫病：病兔肝肿大,表面有白色或淡黄色结节病灶,呈圆形,大如豌豆,沿胆管分布。切开病灶可见浓稠的淡黄色液体,胆囊肿大,胆汁浓稠色暗。在慢性肝病中,可发生间质性肝炎,肝管周围和小叶间部分结缔组织增生,使肝细胞萎缩,肝体积缩小,肝硬化。

②肠球虫病：可见十二指肠、空肠、回肠、盲肠黏膜发炎、充血,有时有出血斑。十二指肠扩张、肥厚,小肠内充满气体和大量黏液。慢性病例肠黏膜呈淡灰色,上有许多小的白色小点或结节,有时有小的化脓性、坏死性病灶。肠系膜淋巴结肿大,膀胱积黄色混浊尿液,膀胱黏膜脱落。

③混合型球虫病：各种病变同时存在,而且病变更为严重。

(4)诊断：根据流行病学资料、临床症状及病理剖检结果,可做出初步诊断。用饱和盐水漂浮法,检查粪便中的卵囊;或将肠黏膜刮取物及肝脏病灶结节制成涂片,镜检球虫卵囊、裂殖子或裂殖体等。如在粪便中发现大量卵囊,或在病灶中发现大量不同发育阶段的球虫,即可确诊。

(5)治疗

①磺胺六甲氧嘧啶：按 1000 毫克/千克混饲,连用 3～5 天,隔 1 周,再用 1 个疗程。

②磺胺二甲基嘧啶与三甲氧苄氨嘧啶：按 5：1 比例混合后,以 200 毫克/千克浓度混饲,连用 3～5 天,停 1 周,再用 1 个疗程。

③氯苯胍：按每千克体重 30 毫克混饲,连用 5 天,隔 3 天再用 1 次。

④杀球灵：按 1 毫克/千克浓度混饲,连用 1～2 个月,可预防兔球虫病。

⑤莫能菌素：按 40 毫克/千克浓度混饲,连用 1～2 个月,可预

防兔球虫病。

⑥盐霉素:按50毫克/千克浓度混饲,连用1~2个月,可预防兔球虫病。

(6)预防

①兔场应建于干燥向阳处,保持干燥、清洁和通风。

②幼兔与成兔分笼饲养,发现病兔立即隔离治疗。

③加强饲养管理,保证饲料和饮水不被粪便污染。

④使用铁丝兔笼,笼底有网眼,使粪、尿全流到笼外,不被兔所接触。兔笼可用开水、蒸汽或火焰消毒,或放在阳光下暴晒,以杀死卵囊。

⑤合理安排母獭兔繁殖,使幼兔断奶不在梅雨季节。

⑥在球虫病流行季节,对断奶仔兔,将药物拌入饮水中预防。

◎氯苯胍:对多种畜禽的球虫病有效。对于兔球虫病如预防每千克饲料中需加150毫克氯苯胍,如治疗则每千克饲料中需加300毫克。

◎盐霉素:主治畜禽的球虫病。如用于预防兔球虫病,每千克饲料中添加盐霉素25毫克,如治疗每千克饲料中加50毫克。

◎莫能菌素:对畜禽球虫有良好的防治作用。如预防兔球虫,每千克饲料中添加25毫克,治疗每千克饲料中添加50毫克。

◎球痢灵:对多种球虫有效。预防量为每千克饲料中添加125毫克,治疗量为每千克饲料中添加250毫克。

◎大蒜、洋葱:适量混于饲料中经常饲喂。

13. 如何治疗皮癣病

皮癣病又名皮肤霉菌病或皮肤癣菌病,俗名"钱癣"、"脱毛癣"、"轮癣"、"发癣"、"皮癣"等,主要是由真菌毛癣霉菌和小孢霉菌所引起的一种慢性、高度接触性、传染性极强的细菌性皮肤传染病,也是一种人畜共患病。皮肤真菌病分布广泛,见于各养兔国家和地区,我国也不例外,已有15个省(市、区)报道了獭兔皮肤真菌

186

病,且近 10 年来发病呈上升趋势,严重者引起兔营养不良、生长迟缓、逐渐消瘦,并易继发和并发其他兔病而导致病兔死亡。獭兔发病后,必然严重影响皮毛的生长和质量,危害兔的健康和生命,造成严重的经济损失。

(1)发病特点:多种动物及人都可感染本病,病兔是主要的传染源。本病主要的传播方式是健康兔与病兔的直接接触,也可通过用具及人员间接传播。潮湿、多雨、污秽的环境条件,兔舍及兔笼卫生不好,可促使本病发生。本病多呈散发,幼兔比成年兔易感。

(2)临床症状:潜伏期长短不一,一般为 15~30 天。幼兔中常可引起严重的临床表现。严重者全身皮肤均可受到侵害,感染起始于头部、口周围和耳朵附近,继而发展至肢端和腹下。病兔表现大面积脱毛、剧烈脱屑、瘙痒和消瘦,终因衰竭而死。在被侵部位呈现圆形痂,痂块下疮腔呈鲜红色,深达肌层。3 周左右痂皮脱落,呈现小的溃疡,造成毛根和毛囊的破坏。如继发金黄色葡萄球菌或链球菌感染,则常引起毛囊脓肿,病兔皮肤也可出现环形、被覆珍珠灰(闪光鳞屑)的秃毛斑和皮肤炎症。

(3)病理变化:病死兔的皮下,无肉眼可见病变。病死兔内脏切片镜检,不易见异常病变。皮肤病理组织学观察发现,上皮细胞过度角化,真皮层增厚,炎性细胞弥漫性浸润。

(4)诊断:根据病兔临床表现和病死兔剖检病变,即可获初诊结果,但要确诊,必须进行实验室诊断。本病需与寄生虫病(疥螨病、痒螨病)、中毒病(发霉饲料中毒症)、营养病(营养性脱毛症、锌缺乏症、镁缺乏症、脚皮炎、湿疹)、季节性换毛、孕兔拉毛相鉴别。

(5)治疗:对本病的治疗首先用软肥皂水洗拭,除去痂皮,然后用下列药品涂抹:

①克霉唑癣药水或克霉唑软膏,均匀涂擦患部,日 3~4 次,直至痊愈。

②10％水杨酸酒精或 5～10％硫酸铜溶液涂擦患部,直至痊愈。

③制霉菌素软膏或 2％福尔马林软膏涂布患处,日 3～4 次,至痊愈。也可口服或注射两性霉素 B、克霉唑片、灰黄霉素等。

(6)预防

①严禁引种时带入传染源。选择到无皮肤真菌病的兔场引种,对引入的种兔,要隔离饲养,并观察产出的仔兔有无感染,证明确无皮肤真菌病菌存在时,才可进入种兔群饲养。

②要经常检查兔体被毛和皮肤状态,发现病兔立即隔离、治疗或淘汰。

③病死兔一律深埋或烧毁,做无害化处理,严禁食用。

④坚持消灭鼠类和吸血昆虫。

⑤兔舍、兔笼和用具,以及兔体应保持清洁卫生。注意通风换气,加强日常的卫生管理,做好消毒工作,是防病的重要手段。

⑥消灭体外寄生虫,定期对兔群用配制的咪康唑溶液进行药浴。

⑦加强对兔群的饲养管理,禁喂发霉的干草和饲料,不用发霉的稻草垫产仔箱,杜绝草、料等带入致病性真菌。

⑧在日粮中,适量添加富含维生素 A 的青饲料等,可提高兔群抗病力。

14. 如何治疗胃肠炎

兔胃肠道黏膜及其下层组织发生炎症并引起一定程度的毒血症称为胃肠炎。各品种、年龄的獭兔都易发病,尤以幼獭兔发病率高、死亡率高。

(1)发病特点:由于饲养管理不善,饲草不清洁,饲料配合不当以及其他对胃肠道有害刺激都能引起发病。特别是在雨季,兔舍潮湿,饲草沾污泥水常可致病。断奶不久的幼兔体质较差,常因贪食过多的草料而发生胃肠臌气,继发胃肠炎。另外,兔吃了腐败变质的草料、冰冻的饲料以及误食了有毒植物,也都会发生胃肠炎。

(2)临床症状:患兔食欲减退,精神不振,常卧伏于兔笼一角。随着炎症的加剧,患兔食欲废绝,腹围增大,肠管臌气,肠音响亮。通常先便秘,后拉稀。粪便有的呈绿黑色水样,带恶臭味,也有的呈灰白色胶冻样或带黄色黏液和气泡的稀粪。尿液呈乳白色、酸性。病兔脱水、消瘦。病程1～7天。剖检可见胃内充满食物,胃黏膜脱落。盲肠常臌气。有的回肠、盲肠、结肠内容物较稀并有胶冻样的物质。实质脏器一般正常。

(3)病理变化:胃肠道卡他性炎症,黏膜增厚、充血、内容物呈黄绿色。胃肠深层炎症时,肠黏膜易剥脱、出血,肠壁变薄。

(4)诊断:根据临床症状和死兔的剖检结果即可确诊。

(5)治疗:磺胺脒和小苏打,每次各0.25～1.0克;或内服土霉素粉0.1～0.25克,每天3次。严重者应静脉注射葡萄糖盐水20～40毫升,并配合四环素0.125克。

(6)预防:加强饲养管理,严禁饲喂腐败变质饲料。根据气候情况,合理饲喂青绿饲料,保持兔舍清洁干燥。对断奶不久的仔兔,一方面定时定量给予优质饲料,另一方面要适当给予抗生素等药物进行预防。

15. 如何治疗便秘

便秘是粪便在肠道内秘结、阻塞不通。獭兔偶有发生。

(1)发病特点:主要是饲养管理不当所致。喂料过多而又缺乏饮水,缺乏运动,特别是饱食后运动不足,青饲料占比例太少或缺乏,草质低劣,草中含过多泥沙,精料过多及热性病等,都会使胃肠蠕动机能减弱,胃肠分泌液减少,粪便在肠道内停留过久而变得干硬,进而阻塞。毛球病等也可使肠道发生阻塞性便秘。

(2)临床症状:病兔食欲减退或废绝,肠音减弱或消失。初期排少量粪便,干硬而小,以后停止排粪。有时出现腹痛症状,回头顾腹,舔啃肛门。肚腹臌胀、臌气或充实。触摸腹部,可摸到较粗大而坚硬充实的阻塞部位。病兔有不安的反应。

（3）病理变化：剖检时可发现结肠和直肠内充满干硬成球的粪便，前部肠管有积气。

（4）诊断：触诊腹部有痛感，且可摸到坚硬的粪块，肛门指检过敏。

（5）治疗：对病兔治疗期间要绝食，但要给予充足的饮水，成年獭兔用人工盐5～6克或硫酸钠（镁）5～6克，加温水20毫升灌服（幼兔酌减）；液体石蜡或食用油10～20毫升、蜂蜜10毫克，灌服；果导片，成年兔1片，喂服，温肥皂水或液体石蜡20～50毫升灌肠，灌后稍停片刻，进行腹部按摩或挤压，促进肠胃运动，改变阻粪状态，有利于治疗。

（6）预防：青粗饲料合理搭配，定时定量饲喂，防止饥饱不均，供给充足的饮水，注意适量运动，积极治疗原发病的热性病，就可有效的防止本病发生。

16. 如何治疗腹泻病

腹泻是仔獭兔最常见的疾病之一，俗称拉稀。由于本病易引起脱水，如不及时治疗，就会引起死亡。

（1）发病特点：多为饲养管理不当造成，如突然更换饲草饲料，不定时定量饲喂，贪食过多，断奶过早，断奶后过多采食不易消化的饲草饲料，饲喂霉变饲料或冰冻饲料，饲料和饮水不卫生，饲料品质低劣，过多采食后消化不良，兔舍寒冷潮湿等均可引起腹泻。也可发生于某些传染病、寄生虫病和中毒病等。本病多见于幼獭兔。

（2）临床症状：根据胃肠黏膜受损程度不同，临床上分消化不良性腹泻和胃肠炎性腹泻。

①消化不良性腹泻：是胃肠黏膜表层炎症引起的腹泻。病兔食欲减退，活泼性降低。排稀软便、粥样便或水样便，经常污染被毛，使其失去光泽。病程长的渐渐消瘦，呈现虚弱乏力，不爱运动。

有的出现异嗜,采食平时不爱吃的东西,如泥沙、被毛或粪尿污染的垫草。有的出现轻度腹胀及腹痛。

②胃肠炎性腹泻:是由胃肠黏膜深层炎症引起的腹泻。病兔食欲废绝,全身无力,精神倦怠,体温升高。腹泻严重的病兔,粪便稀薄如水,常混有血液和胶冻样黏液,放恶臭味。腹部触诊有明显的疼痛反应。由于重度腹泻,体液和电解质丧失而呈现脱水和衰竭状态。如果胃肠内腐败发酵的有毒产物被吸收,可引起自体中毒,此时全身症状剧增,病兔精神沉郁,结膜黯红或发绀,脉搏细弱,呼吸促迫,常因虚脱而死亡。

(3)病理变化:胃肠道呈卡他性炎症,黏膜增厚、充血,用刀子可以刮掉肠黏膜,肠内容物通常呈黄绿色。胃肠炎时,可见肠黏膜剥脱,出血,肠壁变薄,内容物呈红褐色。

(4)诊断:在排除了感染和中毒因素引起的腹泻后,根据症状即可确诊。

(5)治疗:此病治疗越早越好。

①对因吃了含水分过多的青饲料引起的拉稀,每天每只兔可服用锅底灰30克,分早、晚两次拌到饲料中喂服。也可用橘子皮15克,切成碎末拌入饲料中喂兔,每天2~3次,连喂2~3天。

②对因吃了不易消化的饲料而引起的拉稀,可取山楂或酒曲,炒干后研为细末,混在饲料中喂兔,每次喂5~10克,每天2~3次,必要时辅以大蒜、橘子皮,混合到饲料中喂兔,效果更佳。

③对因吃了腐败饲料而引起的拉稀,可取大枣5个,甘草5克,绿豆25克,加水煎汁,待温后喂兔,每天2~3次,连喂3天。

④对因细菌感染引起的拉稀,可用氯霉素,按10~30毫克肌注或静注,或新霉素,按4000~8000单位/千克体重,肌注。诺氟沙星,按20~30毫克/千克体重口服等。如严重脱水,可静注葡萄糖盐水等30~50毫升、肌注安钠咖液1毫升,1日2次,连用2~3日。

（6）预防：对本病的预防在于加强饲料管理，不喂腐败、不洁、发霉、冰冻的饲料，不饮不洁饮水，换料逐渐进行，保持兔舍的干燥、通风、温暖等。

17. 如何治疗仔兔黄尿病

仔兔黄尿病是仔兔吃了患乳房炎母獭兔的乳汁引起的一种急性肠炎，全窝发病死亡率很高。

（1）发病特点：该病主要发生于开眼前的仔獭兔，往往全窝发病。

（2）临床症状：仔兔感染后，表现昏睡、肢体发凉，后肢及肛门周围污染带有腥味的黄色尿液，发病2～3天后，仔兔陆续死亡，且死亡率极高。

（3）病理变化：剖检见肠黏膜（尤以小肠）充血、出血，肠腔内充满黏液。

（4）诊断：根据临床症状即可诊断。

（5）治疗：对患病仔獭兔，口服庆大霉素或氯霉素注射液，每日2次，每只每次2～3滴，连服3日即可治愈。母獭兔口服复方新诺明每天1片，连续3天。母獭兔减料添草，不让奶水过浓。

（6）预防

①母獭兔在配种前要注射兔葡萄球菌疫苗，以使仔獭兔出生即带有较高的母源抗体，从而具有对该病的抵抗力。

②调整哺乳母獭兔饲料配方，初产母獭兔要多喂一些青绿多汁饲料，以避免乳汁过浓而引起母獭兔发生乳房炎，也可避免仔獭兔吮吸过浓乳汁引起消化不良而发生肠炎。

③仔兔哺乳前每只口服氯霉素滴眼液2～3滴，可有效预防仔獭兔黄尿病的发生。

④在母獭兔产仔后用大黄藤素针剂1支（每只2毫升）一次臀部肌内注射。注射过大黄藤素的母獭兔，所喂养的仔獭兔发育正常，毛皮有光泽，排尿液呈清水样，无任何颜色和沉淀物，母獭兔在

哺乳期间不会发生乳房炎。

⑤在母獭兔产前 7 天,每天肌内注射链霉素 1 次,每次 1 毫升,连用 3 天。

⑥发现哺乳母獭兔患乳房炎后,仔兔应由其他母獭兔代哺乳或人工喂养。

18. 如何治疗兔感冒

感冒又称伤风,是由寒冷刺激引起的以发热和上呼吸道黏膜表层炎症为主的一种急性全身性疾病。

(1)发病特点:感冒多由于气候骤变,温度急剧下降,环境潮湿,通风不良,兔舍内氨浓度过大,贼风侵袭,过度拥挤,遭受雨淋或药浴后受冷等,使兔呼吸道黏膜受到刺激,抵抗力降低,感染病原微生物而发病。春秋季节及冬季多发。

(2)临床症状:本病以发病急、发热为主要特征。主要表现为轻症咳嗽,打喷嚏,流鼻水或浓稠涕,食欲减退;重症体温在 40℃以上,精神沉郁,呼吸困难,拒食,常并发气管炎或肺炎等。体质好的兔 3~5 天能自愈。部分可转化为支气管肺炎、肺炎等。

(3)诊断:根据有受寒和天气突变的病史,突然发病而发热流涕等症状可以做出初步诊断,在排除了肺炎及传染性疾病后,可以确定为本病。

(4)治疗:对病兔应加强护理与保暖。高热病例可用解热药物,如复方氨基比林 2 毫升,肌内注射,每天 1 次,连用 2 天;安乃近半片,内服,每天 2 次;安痛定 0.5 毫升、柴胡注射液 0.5 毫升,肌内注射,每天 2 次,连用 2 天。为防止继发感染,配合使用抗菌消炎药物,如青霉素、链霉素各 10 万~20 万单位,肌内注射,每天 1~2 次,连用 2~3 天;20%磺胺嘧啶钠注射液 2 毫升,肌内注射,每天 1 次,连用 2~3 天;卡那霉素 20 万单位,肌内注射,每天 2 次,连用 2~3 天。也可用银翘解毒片 2 片,投服,每天 3 次,连用 3 天。

（5）预防：气候突变时要注意防寒，防雨淋；冬季兔舍注意保暖，防贼风侵袭；剪毛与药浴时要选天气晴朗温和时进行。

19. 如何治疗兔中暑

中暑包括日射病和热射病，是由于兔受到强烈日光直射或过热引起中枢神经系统、血液循环系统和呼吸系统机能严重失调的综合征。此病多发生于炎热的夏季。

（1）发病特点：獭兔汗腺很少，几乎仅分布于唇的周围，是依靠呼吸散热的家畜之一。而兔肺并不发达，呼吸强度较低，因此，在夏季高温季节，若不注意防暑降温，对獭兔的生长繁殖将非常不利，严重时会引起中暑甚至死亡。

（2）临床症状：发生中暑的初期，患兔精神不振，食欲减退或废绝，步态不稳，呼吸加快，体温升高，触诊体表有灼热感，可视黏膜潮红，口流涎。继续发展或严重病例兴奋不安，盲目奔跑随后倒地痉挛或抽搐，虚脱昏迷死亡。

（3）诊断：主要根据临诊症状和天气状况、环境条件做出诊断。

（4）治疗：发现中暑病兔，应立即采取急救措施，首先将病兔转移到通风阴凉处，用湿毛巾或冰块冷敷头部；耳静脉放血，防止脑部和肺部充血；饮淡凉盐水或灌服淡盐水；口服仁丹 3～5 粒、十滴水 3～5 滴；并进行相应的支持疗法。

（5）预防

①合理安排饲喂时间：喂料一定要做到早餐早喂，晚餐迟喂，中餐多喂青绿饲料，同时要供给充足的清洁饮水，以低温水为好。在饮水中加入 2% 的食盐，则可补充体内盐分的消耗，有利于解渴防暑。散养场内种植树木遮荫。

②科学配料：饲料配合应注意营养全面，料中的蛋白质含量充足，能量饲料宜减少，这样可减少兔体的散热量。喂量要比其他季节适当减少。湿拌粉料要现拌现喂，不能放置时间过长，以免腐败变质。在料中应加喂适量大蒜、大葱或氯苯胍、呋喃唑酮等药物，

预防兔肠炎、兔球虫病。

③兔舍做到阴凉通风：在兔舍周围四周种草和落叶树木或搭盖 3～4 米高的凉棚，以遮阳避暑。当兔笼内温度达到 30℃时，也可采用地面泼水降温。

20. 如何治疗兔乳房炎

乳房炎是乳房呈现硬、肿、热、痛或化脓性炎症反应的一种疾病，多发生于产后 5～20 天的哺乳母獭兔。

(1)发病特点：兔乳房炎的病因主要有两种。一是母獭兔分娩前后饲喂精饲料过多，乳汁分泌过多、过浓，而新生乳兔吸吮力弱，过浓的奶汁又难以吸出，致使残留在乳房内的乳汁过多而形成乳房炎。二是乳兔吮乳时咬破母獭兔乳头，或因笼、箱的铁丝、铁钉等尖锐物损伤乳房的皮肤感染细菌(主要致病菌是金黄色葡萄球菌和链球菌)而发炎。

(2)临床症状：病兔的乳房局部肿胀、充血，部分乳头焦干，皮肤紧张发亮，触之发热，有痛感；皮肤淡红色、红色或蓝紫色，又称蓝色乳房；病兔拒绝哺乳；神态紧张，弓背不安，从巢箱里跳进跳出，不让乳兔吃奶。患兔精神沉郁，体温 40～40.6℃，食欲减退或废绝。有的炎症蔓延至所有乳房，体温高达 41℃以上，因败血症而死亡，病程 2～3 天。不死者，因体温升高，泌乳停止，使乳兔挨饿甚至饿死。有的病乳房附近皮下形成脓肿。

(3)诊断：根据临床症状即可诊断。

(4)治疗：发现哺乳母獭兔患病后，应隔离仔兔，仔兔由其他母獭兔代哺乳或人工喂养。

①对轻症乳房炎，可挤出乳汁，局部涂以消炎软膏，如 10%鱼石脂软膏、10%樟脑软膏、氧化锌软膏和碘软膏等。

②局部封闭疗法，如用 0.25%～1%盐酸普鲁卡因液 5～10 毫升，加少量青霉素，平行腹壁刺入针头，注射于乳房基部。

③发生脓肿时，应及早纵行切开，排出脓汁，然后用 3%过氧

化氢等冲洗,按化脓创治疗。深部脓肿,可用注射器抽出脓汁,向脓肿腔内注入青霉素。

④为防止全身败血症,可应用青霉素类药物。愈后不宜再用作繁殖母獭兔。

(5)预防

①根据母獭兔体型大小、肥瘦及乳房充盈程度,决定饲喂量。母獭兔产前 2~3 天,应适当减少精料,以避免乳汁过浓而引起母獭兔发生乳房炎,也可避免仔獭兔吮吸过浓乳汁引起消化不良而发生肠炎。

②要清除兔箱、兔笼内的尖锐物,防止损伤皮肤。

③在母獭兔产仔后用大黄藤素针剂 1 支(每只 2 毫升)一次臀部肌内注射。注射过大黄藤素的母獭兔,所喂养的仔獭兔发育正常,毛皮有光泽,排尿液呈清水样,无任何颜色和沉淀物,母獭兔在哺乳期间不会发生乳房炎。

④在母獭兔产前 7 天,每天肌内注射链霉素 1 次,每次 1 毫升,连用 3 天。

21. 如何治疗食仔症

本病是一种新陈代谢紊乱和营养缺乏的综合征,多见于初产母獭兔。

(1)发病特点

①母獭兔在怀孕期和哺乳期严重缺乏蛋白质、钙、磷和其他微量元素、维生素 B 族和维生素 D 等,引发营养不良性食仔。

②母獭兔饮水不足,产后口渴无水可喝,去舔食仔兔体表胎液或吃食胎盘时将仔兔吞食。

③母獭兔在分娩或哺乳过程中,受到强烈噪音、惊吓等应激因素刺激而采取食仔行动(属本能性保护行为)。

④有的母獭兔患乳房炎或奶水不足,仔兔过度吸吮引起疼痛,一些母性差的母獭兔也会咬仔。

⑤母獭兔闻到仔兔身体上有特殊气味时,如仔兔寄养未处理好气味时,保姆兔拒绝哺乳并咬食仔兔。

⑥母獭兔患病期间感到剧痛,或慢性疾病导致身体衰弱,对仔兔吃奶或干扰时,易产生反感甚至愤怒而将兔咬伤或咬死。

⑦有极少数母獭兔有吃仔恶癖。

(2)临床症状:母獭兔主要表现吞食刚生下或产后数天的仔兔,可将仔兔全部吃光,或吃一部分,有时可见仔兔被食而肢体不全。

(3)诊断:根据仔兔被食现象即可诊断。

(4)治疗:目前尚无有效治疗办法。对有吞食仔兔恶癖者,一经发现,把剩余的仔兔人工哺乳或寄养,连续两窝以上出现食仔的母獭兔应予以淘汰。据报道,母獭兔喂适量的熟猪肝或熟猪肉,有一定治疗效果。

(5)预防

①母獭兔怀孕期和哺乳期可喂鲜嫩的营养丰富的饲草,注意饲喂全价饲料,适当补充钙磷等矿物质和微量元素,保证母獭兔有足够的营养摄入。

②母獭兔临产前,除了要在窝里准备好清洁柔软的垫草外,还要放些新鲜的糖水或麸皮水,以防母獭兔在分娩过程中因体力消耗过大、失水过多、口干舌燥,在找不到饮水的情况下咬死仔兔吸食血液,最好在产后喂给温菜汤或0.5%浓度的盐水。

③母獭兔分娩时保持周围环境安静,不让生人或猫、犬接近,哺乳期谢绝参观,以防母獭兔受惊而恐慌叼仔搬家咬死仔兔。

④抓仔兔时,身上和手上不能喷擦香水或香皂以防仔兔染上香味;仔兔生病治疗时,尽量不使用特殊气味的药物,必要时将母、仔分开。为预防保姆兔咬"养子",可将保姆兔的尿洒在仔兔身上,然后哺乳,这样处理后不会出现咬"养子"的现象。

⑤母獭兔产后头几天饲料中蛋白质切不可太高,否则易导致

乳腺炎，母獭兔分娩后每天喂 0.5 克磺胺嘧啶或 0.1 克磺胺甲基异噁唑，可预防乳房炎。母獭兔病重时，最好将母、仔分开，对仔兔进行人工喂养。

⑥对经常吃食仔兔、品质恶劣、形成恶习的母獭兔，应及时淘汰处理，以减少经济损失。

22. 如何治疗食毛症

食毛症是一种营养代谢性疾病，主要发生在冬季和春季，特别是在气候忽冷忽热时，最容易发生。

(1)发病特点：食毛症分误食、自食和互食三种。因春秋两季换毛期时，绒毛往往飞落到饲料或饮水中，使兔误食；饲养管理不当，如兔笼狭小、拥挤、营养缺乏(如钙、磷等矿物质、维生素饲喂不足)，常引起兔互相咬毛或吃毛；当患有皮炎和疥癣时，因皮肤发痒而啃毛。食毛久者易患小肠阻塞症(毛球病)。

(2)临床症状：兔表现精神不振，食欲不好，异嗜，喜卧，爱喝水，腹部膨大，消瘦，大便秘结，粪便内混有兔毛，腹部触诊可触摸到多量毛球。当毛和饲料纤维缠结在一起、毛球过大时，阻塞肠管，引起肚疼，造成死亡。

(3)诊断：根据临床粪便混有兔毛和腹部触诊可触摸到多量毛球即可确诊。

(4)治疗：对发病兔首先要灌服石蜡油 15～20 毫升，每 4 小时一次，同时进行温肥皂水深部灌肠，每天 2 次，以除去胃内的毛球(也可口服多酶片 4～5 片，每天 1 次，连服 5～7 天，使毛球逐渐酶解)。然后除补充维生素和增喂青绿饲料外，饲料中加入 5％石膏粉，连喂 10～15 天即可。严重病兔口服胱氨酸片每次 1～2 片，每天 2～3 次，连喂 5～7 天即可。

(5)预防：平时加强饲养管理，把脱落的毛及时拣起来，严防混入饲料中被兔吃进。合理搭配日粮，满足兔对维生素、矿物质、含硫氨基酸的需要。给予易消化的饲料，兔的日粮中加入 1％的硫酸钙和 0.2% 的胱氨酸、蛋氨酸,成年獭兔和青年獭兔饲料中粗纤维应不少于 15%。同时,獭兔的笼舍要宽敞,防止相互咬毛。

23. 如何治疗有机磷农药中毒

有机磷农药是我国目前应用最广泛的一类高效杀虫剂,引起兔中毒的主要农药有 1605、内吸磷(1059)、马拉硫磷(4049)、敌敌畏、乐果、马拉松、倍硫磷、杀螟松和二嗪农(地亚农)等,这类药物是一种神经性毒剂,虽杀虫范围广,但对人、畜、禽都有很大毒性。由于这些药使用较普遍,发生中毒也较多。

(1)发病特点:兔中毒多是由于采食了喷洒过有机磷农药的蔬菜、青草、粮食等引起,有些则是由于用敌百虫治疗体表寄生虫病时引起的。当有机磷农药经消化道或皮肤等途径进入机体而被吸收后,则使体内乙酰胆碱在胆碱能神经末梢和突触部蓄积而出现一系列临床症状。

(2)临床症状:兔常在采食含有有机磷农药的饲料后不久出现症状,初期表现流涎,腹痛,腹泻,兴奋不安,全身肌肉震颤、抽搐,心跳加快,呼吸困难等症状,严重者表现可视黏膜苍白,瞳孔缩小,最后昏迷死亡。轻度中毒病例只表现流涎和腹泻。

(3)病理变化:病变急性中毒病例,剖开肠胃,可闻到肠胃内容物散发出有机磷农药的特殊气味,胃肠黏膜充血、出血、肿胀,黏膜易剥脱,肺充血水肿。

(4)诊断:根据典型的症状、胃内容物的蒜臭味和毒物调查一般可以做出诊断。确诊需检测胃内容物或饲草、饲料中有无有机磷农药。

(5)治疗:有机磷农药中毒后必须迅速抢救。首先,阻止药物继续进入体内,迅速排出胃内容物,并用特效解毒剂及对症治疗。早期应用 0.1% 硫酸阿托品,每只兔皮下注射 1～2 毫升,隔 3～4 小时重复注射一次;磺解磷定(或双复磷)每千克体重 20～40 毫克,维生素 C 0.025 克和 10% 葡萄糖注射液 50 毫升,混合静脉注射。

(6)预防:喷洒过有机磷农药尚有残留的植物和各种菜类不能用来喂兔。用有机磷药物进行体表驱虫时,应掌握好剂量与浓度,并加强护理,严防舔食。

24. 如何治疗食盐中毒

食盐是动物体必不可少的营养素,适量的食盐可增进食欲,帮助消化。因此,獭兔日粮中常加入 0.3%～0.5%的食盐。但饲喂过多,可引起中毒,甚至死亡。临床上以神经症状和一定的消化机能紊乱为特征。

(1)发病特点:饲料中食盐含量过高,如鱼粉、咸鱼等,或在饲料中加盐过多,以至采食了过多的盐分而又饮水不足时造成中毒。另外,饲料中添加食盐时搅拌不匀,治疗疾病时盐类药物用量过大等,也易发生食盐中毒。

(2)临床症状:病初食欲减退,精神沉郁,结膜潮红,下痢,口渴。继而出现兴奋不安,脱水,少尿,头部震颤,步样蹒跚;严重的呈癫痫样痉挛,角弓反张,呼吸困难,最后卧地不起,意识紊乱,昏迷而死亡。

(3)病理变化:剖检病兔胃肠黏膜出血性炎症,肝脏、脾脏、肾脏肿大。

(4)诊断:根据病史、临床症状和剖检病变一般可做出诊断,必要时可将病料和饲料送往实验室检验氯化钠含量。

(5)治疗:发现食盐中毒后立即停喂含盐饲料,早期应勤饮水,中后期控制饮水,防止发生水中毒。药物治疗可内服油类泻剂5～10 毫升,静脉注射葡萄糖酸钙 10～20 毫升。配合解痉、镇静等对症疗法进行治疗。

(6)预防:针对病因加强饲养管理,搞好饲料配合,日粮中的含盐量不应超过 0.5%。对含盐饲料按其含盐量及兔食盐需要量计算合适后添加,搅拌均匀,并供足饮水。

25. 如何治疗马铃薯中毒

马铃薯又名土豆,其嫩绿茎叶、外皮,特别是胚芽里含有的龙葵素,是一种弱碱性糖苷,可溶于水,具有腐蚀性和溶血性。在马铃薯茎叶中,尚含有 4.7% 硝酸盐,处理不当时,也能引起亚硝酸盐中毒。长期食用马铃薯新鲜茎叶、发芽薯块或腐烂马铃薯,均能引起兔中毒。

(1)发病特点:发芽的或腐烂的马铃薯,以及由开花到结有绿果的茎叶含毒最多,兔大量采食后,极易引起中毒。此外马铃薯茎叶内尚含有硝酸盐,当转化为亚硝酸盐时,也可导致中毒。据报道,在腐败、发霉的马铃薯中还含有一种腐败毒,也有毒害机体的作用。

(2)临床症状:潜伏期长短不一,短者数十分钟至数小时,长者可于饲喂后 3~4 天发病。严重病例多以神经系统功能障碍为主,而轻型或慢性型常以胃肠炎症状为主。

病初,病兔精神沉郁、腹泻、流涎、呕吐、便秘或便血,有时病兔腹胀,在腿部、腹下和颈部会出现皮疹;重症病兔狂躁不安,昏迷或抽搐,四肢麻痹。最后,导致心力衰弱而亡。

(3)病理变化:病死兔尸僵不全,血液呈黯红色、凝固不良,皮肤呈现红紫斑,可视黏膜苍白或微黄染。消化道,尤其是胃和小肠黏膜出血、糜烂,肠系膜淋巴结肿大、出血。慢性型病死兔直肠多呈黑色皮革状。心、肝、脾、肾等实质脏器,都有程度不等的出血、肿大、变性或小灶性梗死。

(4)诊断:根据病史调查(有采食出芽、腐烂的马铃薯或其青绿茎叶的病史),结合临床表现,即可初步诊断。剩余饲料、胃内容物等样品糖苷生物碱的定量分析,为确诊提供依据。

(5)治疗:一旦发生中毒,立即停喂马铃薯类饲料。对中毒兔口服硫酸钠 2~6 克,鞣酸蛋白 0.3~0.5 克。中毒严重兔,静脉注射 10% 硫代硫酸钠 5~10 毫升。同时根据病情,采取适当的对症治疗。

(6)预防:用马铃薯作饲料时,喂量不宜过多,应逐渐增加喂量,尤其是鲜嫩的茎叶不宜作獭兔的饲料,如要利用,先用开水烫过后方可做饲料。不宜饲喂发芽或腐烂的马铃薯,如要利用,则应煮熟后再喂。煮过马铃薯的水,内含多量的龙葵素,不应混入饲料内。

26. 如何治疗豆腐渣中毒

豆腐渣含粗蛋白 2%～5%,粗纤维较低,是兔优良的饲料。但生豆腐渣中含有多种有毒有害物质,长期单一或大量食用会引起中毒。

(1)发病特点:生豆腐渣中含胰蛋白抑制素,可直接抑制兔体内胰蛋白酶的活性,使蛋白质的分解、消化、吸收功能降低,引起消化不良和腹泻。豆腐渣中不溶性有机物和矿物质含量相对较高,加之含水分又高,使兔不能消化而易引起腹泻,此外,生豆腐渣中还含有一定量的红细胞凝集素与皂角素,影响血液形成与代谢,导致贫血,抵抗力降低及免疫机能下降。

(2)临床症状:长期单一或大量饲喂豆腐渣后,獭兔出现精神不振,食欲减少或废绝,消化不良,腹泻、消瘦,贫血,被毛粗乱,流产,逐渐衰竭而死亡。

(3)诊断:本病根据食入豆腐渣后发病,且有特征性的症状即可确诊。

(4)治疗:一旦发生中毒,立即停喂豆腐渣,更换富含维生素的饲料,对中毒獭兔口服多酶片 1～2 片,每天 2 次,连用 3～5 天。同时进行对症治疗。

(5)预防:兔饲喂豆腐渣时,应与其他饲料搭配使用,不宜长期喂;不宜生喂,最好先把豆腐渣炒熟后再喂;不宜大量喂,一般不超过精料的 60%;酸败变质、冰冻的豆腐渣不宜喂。

27. 如何治疗淀粉渣中毒

淀粉渣是指玉米加工成淀粉后的剩余物,因其中仍含有蛋白质、脂肪、糖和粗纤维,适口性好,可作为兔的补充饲料。但其中常含有有毒物质,若大量或长期采食会引起中毒,临床上以繁殖性能下降,生产水平降低,消化机能紊乱,产后瘫痪等综合症候群为特征。

(1)发病特点:玉米加工过程中,需加入 0.25% ~ 0.3% 的亚硫酸来浸泡,尽管经过漂洗,其残渣中仍含有一定量亚硫酸盐。据测定,淀粉浆内含有 119.7 毫克/千克亚硫酸盐(湿重)。当獭兔饲料中掺入含较高亚硫酸盐的淀粉渣时,即可造成中毒。亚硫酸盐可直接损伤胃肠黏膜,也可转化为硫化物刺激呼吸道及胃肠黏膜,导致呼吸和消化障碍;亚硫酸盐可破坏硫胺素,使动物产生维生素 B_1 缺乏并引起糖代谢紊乱;与饲料中钙离子结合成亚硫酸钙并随粪便排出,引起机体缺钙。

(2)临床症状:中毒獭兔表现食欲减少或废绝,消化不良,腹泻,体质消瘦,被毛粗乱和无光泽,咳嗽,流泪,呼吸困难,痉挛和意识障碍,体温多无明显变化。有的不发情,或发情不明显,繁殖性能降低,即使怀孕,常引起流产或产弱仔,仔兔死亡多。长期饲喂淀粉渣,引起缺钙综合征。

(3)病理变化:剖检可见胃肠道特别是幽门、十二指肠、回肠末端有皱襞形成,黏膜增厚;镜检,可见浆细胞浸润和慢性卡他性炎征,肾小管扩张。血液中维生素 B_1 含量下降,丙酮酸浓度升高,血钙偏低,碱性磷酸酶活性升高。

(4)诊断:本病根据食入淀粉渣后发病,且有特征性的症状即可确诊。

(5)治疗:中毒獭兔,停止饲喂后,常可不药而愈。中毒严重者,应对症治疗。同时补充钙剂。

(6)预防:淀粉渣饲喂量不宜过大,饲喂时间不能过长,并应搭配一定量富含维生素 B 族的青绿饲料和富含钙质的矿物质饲料。不可用发霉变质粉渣喂獭兔。如喂给母獭兔时,应先作去毒处理(将淀粉渣晒干,或用 0.1％的高锰酸钾水拌和)后再喂。

28. 如何治疗菜籽饼中毒

菜籽饼是油菜籽榨油后剩余的残品,是富含蛋白质等营养的饲料,我国一些地区广泛用于饲喂兔。但菜籽饼中含有多种有毒物质,若大量饲喂或长期饲喂不经去毒处理的菜籽饼,即可引起中毒。

(1)发病特点:在菜籽饼中含有芥子苷、芥酸、芥子酶等成分,含毒量多少因品种、油脂加工工艺及土壤含硫量多少而有较大差异。芥子苷在芥酸的作用下,可水解形成嚼唑烷硫酮、异硫氰酸盐等毒性很强的物质,这些物质对胃肠黏膜具有较强的刺激和损害作用,可造成甲状腺肿大、新陈代谢紊乱、血斑,并影响肝脏等器官的功能。一般菜籽饼可占兔日粮的 5％,若采食量过大或未经脱毒处理即可引起中毒。

(2)临床症状:中毒獭兔表现精神沉郁,食欲减少或废绝,尿少黄赤,呼吸迫促,可视黏膜发绀,肚腹胀满,有轻微的腹痛表现,腹泻或便秘,粪便中带血。严重者不安,视觉障碍,口流白沫,瞳孔散大,末梢部发凉,全身无力,站立不稳,以至发生血红蛋白尿,病兔常因虚脱而死亡。孕兔可能发生流产。

(3)病理变化:剖检可见胃肠黏膜充血、有点状或小片状出血。肾脏、肝脏等实质脏器肿胀、质地变脆。出现肺气肿和肺水肿。

(4)诊断:本病根据食入菜籽饼后发病,且有特征性的症状即可确诊。

(5)治疗:发现中毒后,立即停喂菜籽饼,根据病獭兔的表现,采取支持和对症治疗。灌服 0.1％高锰酸钾溶液、浓茶水,也可将茵陈 30 克,茯苓 15 克,泽泻 15 克,当归 10 克,白芍 10 克,甘草 10 克煎汁,分 2 次灌服。病重兔可静脉注射 10％葡萄糖溶液10～

20 毫升、维生素 C 5 毫升。

（6）预防：平时饲喂菜籽饼时应与其他日粮搭配使用，严格控制用量，同时增加维生素和微量元素的量。有条件时最好对菜籽饼进行去毒处理，最简便的方法是浸泡煮沸法（粉碎，高温蒸煮 1 小时以上，除去上层液体）、坑埋法（与水 1：1 混合，埋入土坑中 60 天），也可混以市售菜籽饼脱毒剂。也可使用氨水处理法和碱处理法处理后再饲喂。

29. 如何治疗棉籽饼中毒

棉籽饼蛋白质含量丰富，含硫多，常用于催肥和营养皮毛，是兔良好的蛋白质饲料之一。但棉籽饼中含维生素 A 和钙少，而且含有一定量的有毒物质，若处理不当或长期过量饲喂，可引起兔蓄积中毒。生长发育快的青年獭兔和怀孕獭兔常发。

（1）发病特点：棉籽饼中含有有毒物质游离棉酚，游离棉酚的含量与棉籽品种、产地、棉籽加工工艺有很大关系，以冷轧取油后的棉籽饼含毒量大。兔采食含游离棉酚的棉籽饼，即可发生慢性中毒。生长发育快的青年獭兔和怀孕獭兔需要蛋白质量大，吸收毒蛋白质多，因而中毒的机会也多。一般棉籽饼也可占兔日粮的 5％，若采食量过大或未经脱毒处理即可引起中毒。

（2）临床症状：病初精神沉郁，食欲减退，有轻度的震颤。继而出现明显的胃肠功能紊乱，病兔食欲废绝，先便秘后下痢，粪便中常混有黏液或血液。可视黏膜发黄以致失明，体温正常或略升高。脉搏疾速，呼吸促迫，尿频，有时排尿带痛，尿液呈红色。严重者，呻吟，磨牙，抽搐，以头撞地，尖叫，心力衰竭而死亡。母獭兔屡配不孕，流产，胎儿水肿、出血、颤抖，先天性畸形（歪嘴、瞎眼、缺肢等）。公兔精子活力降低。

（3）病理变化：剖检可见胃肠道呈出血性炎症，胃黏膜严重脱落。肝脏花斑状肿大，肾脏肿大、水肿，皮质有点状出血。肺脏有出血点，膀胱积尿。

(4)诊断:本病根据食入棉籽饼后发病,且有特征性的症状即可初步诊断。必要时可进行实验室检查,尿蛋白阳性,尿沉渣中可见肾上皮细胞及各种管型。

(5)治疗:发生中毒时应立即停喂棉籽饼,并采取支持和对症治疗。尚有食欲者,口服硫酸钠 2～6 克,鞣酸蛋白 0.3～0.5 克,饮用多维电解质或口服补液盐溶液。病情严重者可静脉注射 10%葡萄糖溶液 20 毫升,维生素 B$_1$5 毫克,维生素 C 5 毫升,安钠咖 0.2 克。维生素 A 10 万单位、维生素 D 20 万单位,隔日肌内注射,每天 2 次。

(6)预防:平时应严格限制棉籽饼饲喂量,一般控制在日粮的 5%以内。有条件时最好进行脱毒处理,如将棉籽饼蒸煮 1 小时,或用 0.1%～0.2%硫酸亚铁浸泡 24 小时,可有效解除棉酚的毒性。另外,兔饲喂棉籽饼时,日粮中适当增加钙和维生素 A 的量,也可降低棉酚的毒性。

30. 如何治疗亚硝酸盐中毒

獭兔食入富含硝酸盐的饲料、饮水,引起高铁血红蛋白症,临床上出现可视黏膜发绀、血液稀薄、凝固不良、高度呼吸困难为特征的中毒病。

(1)发病特点:各种生长茂盛的鲜嫩青草、作物秧苗以及野菜类等均含有大量硝酸盐,当其过久堆放、经雨淋、暴晒、冰冻、踩压,在适宜的条件下,硝酸盐很快被硝化细菌还原为毒性大的亚硝酸盐,被兔采食而发生中毒。兔胃肠道中的细菌也可将硝酸盐还原为亚硝酸盐而中毒。

(2)临床症状:体况好、多食者,发病重、死亡快。表现精神沉郁,食欲废绝,有的口吐白沫,有的腹痛。呼吸急促,逐渐加快,每分钟达 120～160 次。四肢无力,不愿走动,缩颈,蹲伏笼舍一侧,随后不能站立,匍匐在地上或笼中。有的肌肉震颤,闭眼,有的瞳孔散大。体温下降,耳及四肢发凉。全身发绀,耳内侧和上下唇呈青紫色,耳内侧最明显。有的耳苍白,耳静脉由红色变成紫黑色,唇和鼻呈乌紫色。最后衰竭倒地,肌肉战栗,强直性痉挛死亡。

(3)病理变化:剖检,血液暗红(酱油色),稀薄,凝固不良。肺淤血,液体多。心脏淤血,血管充盈,整个心脏大体呈黑紫色。胃黏膜脱落。

(4)诊断:依据发病急、群体性发病的病史、饲料储存状况、临诊见黏膜发绀及呼吸困难、剖检时血液呈酱油色等特征,可以做出诊断。可根据特效解毒药亚甲蓝进行治疗性诊断,也可进行亚硝酸盐检验、变性血红蛋白检查。

(5)治疗:一旦发生中毒,立即用特效解毒剂1%的亚甲蓝解毒,按每千克体重1~2毫克静脉注射。也可用5%的甲苯胺蓝按每千克体重5毫克肌内或静脉注射,10%葡萄糖和大剂量的维生素C也有一定疗效。

(6)预防:青绿饲料应现收现喂,不宜堆放,不宜踩压、冰冻、雨淋,腐烂青草坚决废弃。

31. 如何治疗外伤

兔体受到外力作用与打击,使局部皮肤、皮下组织或深层肌肉及器官完整性受到破坏或损伤。

(1)发病特点:兔笼、兔箱的铁皮、圆钉和金属丝的断头等尖锐物体的刺(划)伤,剪毛不慎造成的刀伤,互相咬斗的咬伤、抓伤等。

(2)临床症状:受伤部位因致伤原因和程度而呈现不同程度的被毛缺损、肿胀、疼痛、皮肤破裂及深部组织损伤,并有不同程度的出血与渗出。轻者耳朵或皮肤破损、出血。重者耳朵撕裂、缺损,躯体鳞伤,尤以臀部更甚。甚至睾丸下挂、流血。动脉、静脉大出血,可引起死亡。

(3)诊断:根据临床表现即可诊断。

(4)治疗:必须立即排除造成外伤的原因。一般轻度外伤,可不治自愈，或涂擦碘酊、5%甲紫液。重度较大而深的破裂伤，充分止血后用3%过氧化氢，或无菌生理盐水，或0.1%高锰酸钾液，或0.1%新洁尔灭液，或0.1%雷夫奴尔液清洗创腔，而后涂布磺胺粉或其他消炎药物，必要时要进行皮肤及有关组织的缝合。较深的刺伤、破裂伤等，应皮下注射1000单位破伤风抗毒素，以防发生破伤风。治疗破裂伤期间，笼舍内及创伤部位都应保持清洁、干燥。对已感染化脓的创口，要将脓汁洗净，用3%的过氧化氢，或0.1%高锰酸钾液处理创内残余脓汁，彻底清洗后涂布3%～5%的碘酊，或用雷夫奴尔引流。严重者可注射青霉素预防全身性感染。

（5）预防：兔笼、兔箱及用品要避免有尖锐物体，紧固铁丝尖端要隐藏，新的竹片底网要磨光，以防毛刺扎伤。互相咬斗的兔子要及时分开，剪毛时一定要小心防剪伤。

32. 如何治疗脓肿

脓肿系组织器官局限性化脓性炎症引起的有脓汁积聚的局限性肿胀。

（1）发病特点：本病主要继发于各种局限性损伤，如刺创、咬创、蜂窝织炎以及各种外伤，由于处理不及时或消毒不严，感染了各种化脓菌后形成脓肿。也可见于肌内注射、静脉注射时不遵守无菌操作规程而引起的注射部位脓肿。特别是由于维生素 B_2、维生素 B_{12} 缺乏时，使机体对化脓性葡萄球菌、链球菌等的抵抗力降低而感染化脓发病。

（2）临床症状：在头部、颈部和眼眶部、四肢、躯干和腹部开始局部肿胀，大小不一，有的如鸡蛋大小。温度增高，触摸有痛感，稍硬，以后逐渐增大变柔软，有波动感，甚至破溃流脓。个别病例有全身症状，体温升高，精神不振，食欲减退。兔有时脓肿发生在后肢，常被笼网擦破，流出红黄色的大量脓汁。个别病例引起脓毒败血症而死亡。

（3）诊断：根据临床表现即可诊断。

（4）治疗：本病如能及时治疗，一般愈后良好。对早期硬固性肿胀，可涂布复方醋酸铅散、鱼石脂软膏等。中期则局部热敷或涂刺激剂（如鱼石脂软膏、浓碘酊等），促进脓肿成熟软化。当脓肿成熟后，应及时在脓肿波动最明显的部位切开，排除脓汁后用 0.1% 高锰酸钾或 3% 双氧水清洗创腔。必要时配合抗生素全身疗法，同时可肌内注射维生素 B_{12} 和复合维生素 B 注射液。

（5）预防：消除引起外伤的原因，加强饲养管理，保证饲料内有足够的 B 族维生素，可预防本病的发生。

33. 如何治疗螨病

兔螨病又叫疥癣，俗称癞病，是指由于疥螨科或痒螨科的螨寄生于兔的体表，而引起的慢性寄生虫性皮肤病。患部剧痒、湿疹性皮炎、脱毛、逐渐向周围扩散和具有高度的传染性是该病的特点。本病对獭兔的危害十分严重，患病兔贫血、消瘦，严重者可引起大批死亡。

（1）发病特点：本病多发生于秋、冬季及初春季节，具有高度传染性。病兔是该病的传染源。健兔与病兔直接接触可致染病，被病兔污染的环境、兔舍、工具等可传播病原，狗及其他动物也能成为传播媒介。笼舍潮湿、饲养密集、卫生不良等均可促使本病蔓延。瘦弱和幼龄兔易遭侵袭。

（2）临床症状

①兔痒螨病：兔痒螨主要侵害耳部，起初耳根红肿，随后延及外耳道并引起外耳道炎，渗出物干燥成黄色痂皮，如纸卷样塞满耳道内。病耳变重下垂、发痒，病兔经常摇头、搔耳，有时病变蔓延至中耳和内耳，甚至达到脑部，引起癫痫样症状，严重时导致死亡。兔足螨常常寄生于头部、外耳道和脚掌下面的皮肤，引起炎症。传

播较慢,易于治疗。

②兔疥螨病:兔疥螨和兔背肛螨一般先在头部和掌部无毛或毛较短的部位(如嘴唇、鼻孔及眼周围)引起病变,后蔓延到其他部位,使兔产生痒感。病兔搔痒引起炎症,因此皮肤表面发生疱疹、结痂、脱毛以及皮肤增厚和龟裂等变化。病兔因代谢障碍而消瘦、贫血,甚至死亡。

(3)诊断:选择病兔患病皮肤交界处,剪毛消毒后,用蘸有少量50%甘油水溶液的外科手术刀刮取皮屑,直到皮肤微出血。将刮下的皮屑放于载玻片上,滴几滴煤油使皮屑透明,然后放上盖玻片,在低倍显微镜下观察查找虫体。也可将刮取的皮屑放在培养皿内或黑纸上,在阳光下暴晒,或用热水或火等对皿底或黑纸底面加温至 40~50℃,30~40 分钟后移去皮屑,在黑色背景下,肉眼见到白色虫体爬动,即可确诊。鉴别诊断本病与湿疹、毛癣菌等病的症状相似,诊断时应注意将其区分开。

(4)治疗:药物治疗应先去掉痂皮再用药,不要多次连续用药,以免中毒;兔舍内严禁处理螨病,毛、痂皮等病料应就地烧毁;不宜采用药浴治疗;药物治疗的同时要对笼具等物进行消毒。

①1%~2%敌百虫水溶液擦洗病部,每日 1 次,连用 2 天,1 周后再用 1 次。

②用 50%的杀虫脒配成 0.2%溶液,擦洗或浸泡患处 2~3 分钟,隔日 1 次,连治 3 次。

③用 50%辛硫磷乳油剂配成 0.1%或 0.05%水溶液,涂搽耳壳内外,治疗兔耳螨病。

④0.2%蝇毒磷溶液涂于患处,一般 1 次即愈。严重病例可隔 3~5 天后再治 1 次。

⑤二氯苯醚菊酯乳油(除虫精)1 毫克加水 2.5~5 升,配成 2500~5000 倍稀释液,涂搽 1 次。未愈时 7 天后再治 1 次。

⑥碘甘油(碘酊 3 份,甘油 7 份,混合)灌入耳内,每日 1 次,连用 3 天。多用于治疗兔痒螨病。

⑦豆油 100 毫升煮沸,加入硫磺 20 克,搅拌均匀,待凉后涂搽病部,每日 1 次,连用 2～3 天。

⑧溴氢菊酯对兔螨虫有很强的驱杀作用。

⑨速灭菊酯对兔螨虫有良好的杀灭作用。用水稀释 2000 倍涂擦患部。

⑩用棉籽油稀释 1000 倍涂擦于患部。

(5)预防

①兔舍应保持干燥卫生,通风透光,勤换垫草,勤清粪便。

②经常检查兔群,发现病兔及时隔离治疗,对笼舍及用具消毒。

③新购进的兔要隔离饲养,确定无病后再混群;已治愈的兔应治愈 20～30 天后再混群。

34. 如何治疗脚皮炎

獭兔脚皮炎是獭兔养殖中最常见的疾病之一,它虽然不至于立即导致兔死亡,但它发病率高,危害大,一旦发病将给养兔场(户)造成极大的经济损失。獭兔患脚皮炎后,食欲减退,日渐消瘦,皮毛无光泽、质次,种兔则影响其种用价值,商品兔则影响其毛皮质量,从而带来严重的经济损失,危害极大。

(1)发病特点

①遗传因素:獭兔脚掌毛虽密,但较肉兔短,不耐磨,加之频繁踩脚、蹦跳,增加了足底与底板的摩擦频率,容易将踢地部分足毛磨光,伤及皮肤而发炎,导致脚皮炎。

②体型:作种用的獭兔总体外貌上要求各部分发育良好,比例匀称,给人以平衡和匀称之感。其四肢负重均匀,脚掌部没有突出的负重点,相对而言不易磨掉毛皮,脚皮炎的患病率低。而体型过

于肥胖或身躯前窄后宽的兔子,其身躯的承重点往往落在比较集中的几点上,日久天长毛皮容易磨掉,产生脚皮炎。

③兔舍环境:獭兔体质较弱,抗病力差,且喜好干燥。要注意环境卫生,经常打扫兔舍、兔笼,保持兔舍、兔笼清洁、干燥。兔舍环境潮湿、阴暗、污浊会导致病原微生物孳生繁殖,若獭兔脚皮破损,一些病原微生物便趁虚而入,致使獭兔发生脚皮炎。

④笼底板合理与否:獭兔以取毛皮为主,为了避免污染、影响毛皮质量和提高劳动生产率,目前饲养时都采用笼养方式。笼底一般多用竹片或铁丝网制成,铁丝网笼底易腐蚀生锈,致使病原微生物繁殖,而竹片笼底制作时多由钉子钉成,钉子外露或突起时可伤及獭兔的脚掌部;同时,獭兔脚掌毛短,又喜欢频繁踩脚,而发生磨伤,发生脚皮炎。

(2)临床症状:患兔不愿活动,食欲减退,日渐消瘦,行动轻缓,下肢不敢承重,四肢频频交换支持体重,有时拱背卧笼。检查患兔脚掌,出现脱毛。红斑、化脓,破溃后形成经久不愈易出血的溃炎并结痂。有的溃炎上皮的真皮可发生继发性细菌感染。

(3)诊断:根据临床症状即可诊断。

(4)治疗:先将患兔放在铺有干燥、柔软垫草(或其他铺垫材料)的笼内。

①用橡皮膏围病灶做重复缠绕(尽量放松缠绕),然后用手轻握压。压实重叠橡皮膏,20~30日可自愈。

②总部剪毛并消毒,清除坏死组织,3%过氧乙酸清洗后,涂擦磺胺嘧啶、土霉素软膏等,当溃炎开始愈合时,可涂擦5%龙胆紫溶液,每天1次。

③重者外用消毒纱布包扎好,同时注射青、链霉素各10万单位,每天早、晚各1次,直至痊愈。

④严重病例立即淘汰。獭兔脚皮炎常见多发,虽不致死,但降

低种兔种用代价和商品兔毛皮质量。

(5)预防

①加强饲养管理,注意兔笼的清洁卫生,清扫笼底要彻底干净,定期用 0.3%过氧乙酸喷雾消毒。

②兔笼笼底最好以竹板制成。笼底要平整、钉子无突起、笼内无锐利物。

③免疫注射葡萄球菌苗,每只兔 2 毫升,1 年免疫 2 次。

第七章 取皮与加工相关问题

一、獭兔的取皮与初加工

1. 如何确定獭兔取皮时间

商品獭兔的屠宰取皮是养殖场的最后生产环节。无论饲养的獭兔品种多么优良,投喂的饲料多么全价,饲养管理多么精细,一旦这一环节没有掌握好,将前功尽弃。因而,獭兔的屠宰和取皮必须讲究科学。

獭兔以产皮为主,肉为副产品。除了要达到一定的出栏体重(体重与皮张面积呈正相关)外,更重要的是皮板的被毛必须达到成熟,即第 2 次年龄性换毛结束,被毛长齐,毛绒丰厚,皮张厚度、韧性等达到加工的要求。因此,欲提高兔皮等级,必须按最适采皮月龄以及采皮季节进行综合考虑,合理安排和操作,这是获得优级獭兔皮的关键。

(1)取皮年龄:根据獭兔在不同生长期存在着正常的生理性换毛的规律,决定兔的采皮月龄。幼兔从出生后第 6 周开始第 1 次换毛,换毛时间持续 70 天。大约在 4.5 月龄时,开始第 2 次换毛,此时换毛、掉毛现象最严重,兔的整个身体毛被稀疏,参差不齐,臀部和体侧尤为严重,此次换毛大约 50 天。在 6 月龄左右,第 2 次换毛结束,毛进入生长成熟期,毛根着生牢固,不易脱落。同时,皮板成熟,柔性、韧性和弹性俱佳,幅张面积增大。据统计,8 月龄取皮,一级皮占 90%,7 月龄取皮,达一级标准的只有 70%～80%。

(2)取皮季节:取皮季节对青年獭兔影响不大,但对成年獭兔和老龄獭兔则以冬皮品质最佳。取皮季节最好选在冬末春初,即南方每年12月份至第2年的3月份、北方为每年的11月份至第2年的4月份为獭兔皮最适宜的取皮季节,此时绒毛丰厚,光泽度好,板质优良。因为冬季气候寒冷,兔皮毛长绒厚,毛面整齐,色泽光润,板质厚实;春季正值成年獭兔和老龄獭兔换毛时节,兔皮毛长而稀,底绒空疏,毛面不整齐,板质较粗糙,质量较差;夏季气候炎热,毛短而粗,底绒稀薄,皮板薄而硬,呈暗黄色,品质最差,使用价值很低;秋季气候适宜,饲料丰富,毛绒密而平齐,但仍较短,板质较厚实,品质仅次于冬皮。因此,在实际生产中要坚持适时适龄取皮,最好选在冬末春初,少剥春皮,禁剥夏皮。

成年獭兔每年春秋两季各换毛一次,称其为季节性换毛,在换毛期间取的皮绒毛长短不齐,极易脱落,质量最低,不取换毛皮应成为一条戒律。

(3)换毛顺序:獭兔的换毛顺序一般先由颈部开始,紧接着前躯、背部,再延伸到体侧、腹部及臀部。春季与秋季换毛顺序大致相似,唯颈部毛在春季换毛后夏季仍不断退换,而秋季换毛后则无此现象。獭兔换毛虽有规律性,但因环境不同,个体之间存在差异,有的绒毛脱换由前到后,自上而下,界限分明,很有规律;有的斑驳错落,参差不齐;有的全身绒毛基本同时长齐;还有的常年处于换毛状态,宰杀时一定要仔细观察。

2.獭兔活体如何验毛

为了获得高品质皮张,避免把有缺陷的獭兔宰杀,生产上经常采取活体验毛。獭兔的活体被毛检查是一门新的、较为复杂的技术,只要在实践中认真探索,反夏验证,才能熟练掌握这门技术,从而获得好的皮张。

活体验毛时用一只手抓住獭兔双耳,轻轻提起,另一只手抚摸兔体被毛,通过看、摸、吹、量,感知毛的密度、长度、细度、平度、牢度、尺寸。如果达到细、密、平、直、牢,非换毛期,即可宰杀。一般先检查体侧部、背部被毛,后检查臀部、腹部被毛有无缺陷。

(1)看:仔细观察被毛粗细、色泽、板底、皮形,有无淤血、损伤、脱毛等现象。

(2)摸:用手触毛皮,检查被毛弹性、密度及有无旋毛,同时将手指入被毛,检查厚实程度。

(3)吹:用嘴逆毛方向吹开被毛,使其形成漩涡,视其中心所露皮板面积大小评定密度。若不露皮肤或露皮面积小于 4 平方毫米(1 个大头针头大小)为最好,不超过 8 平方毫米(1 个火柴头大小)为良好,不超过 12 平方毫米(3 个大头针头大小)为合格。

(4)量:用皮尺自颈部缺口中间至尾中极限量取长度,选腰间中部位置量其宽度,长宽相乘即为皮张面积。根据皮张面积即可知道所售等级。

活体验毛没有缺陷,被毛无脱落现象的个体,即可宰杀取皮。宰前 8~12 小时应停止喂料,仅供给饮水。

3. 如何处死獭兔

獭兔皮毛珍贵,为减少毛皮污损,保护毛皮,在屠宰时应先处死,后剥皮,再放血。

獭兔处死的方法很多,常用的有颈部移位法和电麻法等。

(1)颈部移位法:最简单而有效的处死方法是颈部移位法。术者用一手抓住两后肢,另一手大拇指按住兔两耳根后边延脑处,其余四指按住下颔部,然后两手猛用力一拉,使兔头向后扭,便可使颈椎脱位致死。

(2)电麻法:用电压为 40~70 伏、电流为 0.75 安的电麻器轻压耳根部,使獭兔触电致死,这是正规屠宰场广泛采用的处死方法。

4. 如何剥獭兔皮

为防止处死后停留时间过长尸体变僵硬,给放血带来困难,处死剥皮后马上放血,放血后即行剖腹净膛。

（1）挑裆：剥皮时，一般可将一后肢倒挂于高处，用利刃从跗关节沿大腿内侧，通过肛门单向将兔皮挑开后，剥离毛皮，切断尾根，将毛皮向侧下方拉拖至两前肢，将前肢抽出至腕关节处切断，再剥头皮至眼或在头颈结合处切断皮张。

（2）放血：以利刀割断颈动脉，悬吊放血3～4分钟。

（3）鲜皮清理：兔皮剥下后，用刀沿腹正中线割开筒皮（不能用剪刀剪，防止剪断被毛）形成"开片皮"，应仔细将上面附着的油脂块、淋巴和结缔组织去除。除油脂时应注意，要小心谨慎，不能伤及皮肤，造成"刀洞"。

5. 如何初加工鲜獭兔皮

刚从兔体上剥下的生皮叫鲜皮。鲜皮含有大量水分、蛋白质和脂肪，极适宜各种微生物繁殖，如不及时进行加工处理，就很有可能腐败变质，影响毛皮品质。

（1）清理：脱脂清理工作，家庭通常采用木制刮刀进行。清理中应注意以下4点：

①清理刮脂时应展平皮张，以免刮破皮板。

②刮脂时用力应均衡，不宜用力过猛，以免损伤皮板，切断毛根。

③刮脂应由臀部向头部顺序进行，如逆毛刮脂，易造成毛皮穿孔、流针等伤残。

④皮板上的油脂要刮净，尤其是颈部要刮净，否则影响皮张的延伸率或干燥后出现塌脖的缺陷。

（2）晾晒：将开片兔皮肉面向上、毛面向钉板自然展开，四周边缘以小铁钉固定在平板上。为防蝇、防蛀，可在肉面均匀抹一层细盐后置于通风处阴干。

獭兔皮在剪开、固定、晾晒时应注意：一是不能偏离腹中线，以免导致"歪皮"；二是不能为了增大皮张面积而使劲硬拉，造成"撑板"；三是要固定好，以免造成毛边蜷缩发热掉毛，产生皱板皮而影响面积;四是严禁暴晒,以防止因油烧、干裂和渗油等现象的发生而使毛皮变质,甚至失去利用价值。如用热源干燥,温度和湿度均不能太高,最适温度为 10℃ 左右。相对湿度在 55%～65%,否则容易造成闷板而导致掉毛。

6. 如何储存獭兔皮

晾干后的兔皮,不能立即鞣制的,须入库贮存。

(1)入库前,要进行严格检查。严禁湿皮和生虫的原料皮进入库内,如果发现湿皮,要及时晾晒,生虫皮须经药品处理后方能入库。

(2)晾干后的干皮,应及时检验皮张,按等级、毛色、大小分别按毛面对毛面、肉面对肉面,头对头、尾对尾,每 25 张或 50 张扎成捆,并每隔 2～3 张皮放置适量樟脑丸以防虫蛀。整理包装时切勿折叠,要保持皮张平整。

垛与垛(0.3 米)、垛与墙、垛与地面之间保持一定距离(15 厘米),人行道宽 1.7 米,以利通风、散热、防潮和检查。如果同一库房内保管不同品种的皮,货位之间必须隔开,不能混杂在一起。

(3)贮存皮张的仓库应卫生、通风、干燥,最适宜温度为 10℃ 左右,最高不超过 30℃,相对湿度控制在 50%～60%,原料皮的水分应保持在 12%～20%。兔皮贮存期间,应每月检查 2～3 次。

(4)防虫

①药剂配方:磷化锌 1 千克,硫酸 1.7 千克,小苏打 1 千克,水 15～20 千克。

②杀虫方法:先用塑料布苫好货垛,四周下垂并盖住皮张,然后用土压埋,只留一个投药口。操作人员必须事先戴好防毒面具和耐酸手套,扎上耐酸围裙,然后在投药口内放一个配药缸,先按比例把水放在缸内,然后将硫酸轻轻地倒入缸里,最后将所需磷化锌和小苏打拌匀,装入小布袋内并封好口袋,将布袋轻轻地投入缸中,于是开始产生毒气。投药后,经 72 小时即能把皮张上的蛀虫

杀死。操作时一定要小心,切忌磷化锌与硫酸直接接触:以免起火。投药后,严防其他人员接近货位,以免发生中毒。

(5)防鼠:主要断绝鼠的食物来源,减少可以隐蔽的场所。要搞好室内外的卫生,严密门窗,发现鼠洞,立即堵死。发现老鼠,可采用药物和器械相结合的方法杀灭。

(6)经常检查:在储藏过程中,定期检查,妥善保管。防止烟熏皮、霉烂皮和受闷皮的发生。

7. 獭兔皮的收购标准有哪些

(1)术语

①绒毛:皮板枪毛和绒毛的总称。

②皮质(绒面):绒毛的品质。指绒毛的长度、密度、颜色、平顺、光泽、长短、平、细、密、牢等综合品质。

③密度:指獭兔皮肤单位内生长的毛纤维根数,优良獭兔毛纤维密度为每平方厘米含毛量在 1.6 万～3.8 万根。

④板质:皮板的品质。指皮板的厚度、颜色、韧性、弹性、油性等综合品质。

⑤枪毛:露出绒面的针毛。

⑥旋毛:指毛绒竖立不直,呈有漩涡形毛绒。

⑦尿黄:指在饲养时兔舍卫生不良、兔皮被尿液染黄的皮张。此皮在鞣制过程中很难去掉尿渍。

⑧鸡啄皮:指一张很好的皮,却有几处像被鸡啄掉了毛一样。大则 2 平方厘米,小则 0.5 平方厘米。

⑨龟盖皮:根据脱毛情况,背部或腹部出现绒短或绒长现象,称为龟盖皮。

⑩换季皮:换毛未换完的兔皮。指整张皮毛的密度不够或四边毛质的密度不够,还有的出现竖沟缺毛和波纹缺毛现象。

⑪孕兔皮:指产过仔的母獭兔。腹部尚未长好的或已经长不

出毛质的皮张。

⑫亏寸皮：指达不到等级面积要求之外的小皮。

⑬霉腐皮：宰杀后没有及时做防腐处理，致使皮板纤维胶原组织受损，霉烂变质的皮张。

⑭油焦板：是指没有按要求在阴凉处晾干的做法，而是在阳光处暴晒，致使皮板脂肪油泛出，皮张纤维受到破坏的皮。

⑮拉伸皮：指宰杀后对皮张的拉力、伸展过大，致使皮毛空疏纤维受到破坏。

⑯折痕皮：表面皮形成断裂条痕，有损皮质。

⑰水伤皮：鲜皮不及时加工，受闷后引起脱毛。

⑱黄板皮：鲜皮加工时连日阴雨，闷热，皮板纤维腐蚀而发黄，有异味，制裘时易脱毛。

⑲夏板皮：夏季宰杀的兔，皮板薄，毛绒稀疏。

⑳陈板皮：指隔年皮、储存时间过长或不当，皮质枯燥，皮张枯黄。

㉑剞偏皮：指后裆、嘴部开剖不正的皮。

㉒伤残：影响毛质、板质的各种伤残或缺陷。

㉓软伤：毛皮鞣制过程中伤残面积扩大者，如受闷脱毛腐烂，霉变，油烧板等。

㉔硬伤：毛皮鞣制过程中伤残面积不扩大者。如刀伤、擦伤等。

㉕血板皮：指病死或非宰杀致死，皮板出现染红色的淤血斑痕，皮质不好。

㉖透毛皮：板面露出毛根，毛皮在鞣制过程中削匀过重引起。

㉗缠结皮：指皮张局部毛绒缠结在一起，獭兔养殖过程中护理不当或毛皮在鞣制过程中去油不净，使毛绒形成团状。

㉘粘结皮:指毛绒不能直立蓬松,粘在一起,毛皮在鞣制后清洗不够造成。

(2)分类:由于地区差异,造成各地生产的皮张质量不同,大体可分为北方、中原、南方三大区域。

①北方獭兔皮:北方獭兔皮基本上以黄河为界,东北、西北、河北的北半部。张幅大,皮板肥壮,毛绒面厚平顺。

②南方獭兔皮:南方獭兔皮产于浙江、江苏一带,毛绒平齐且较细,板质适中。

③中原獭兔皮:中原獭兔皮指产于以四川、河南区域,张幅较小,毛绒平顺且较细,板质薄。

(3)检验方法

①检验工具、设备与条件

◎工具:市尺(直尺,皮尺)。

◎设备:操作台。

◎条件:在阳光不直射,自然光线充足的室内,将皮张展平放在操作台面,进行检验。

◎灯光:由 40 瓦日光灯管 4 支与台面平行架设,灯源与台面距离为 70 厘米。

②感官检验

◎光泽,毛色,弹性,旋毛,附着度的检验:毛朝上,左手捏住头部,右手捏住尾部,然后右手上下轻轻抖动皮毛,或将手指插入被毛内,感观检验。

◎鲜皮检验:用手插入皮筒,用力抖动使其绒毛朝外,双手提起,自上而下,用眼穿视毛绒表面,目测检验。

③密度检验:用嘴逆方向吹被毛,兔毛呈漩涡状。如露出皮肤面积小于 4 平方毫米(1 个大头针头大小)为特密,一般在 3 万根以上;如露出 8 平方毫米(1 个火柴头大小)为中密,一般在 2 万根

左右;吹露面积不超过 12 平方毫米(3 个大头针头大小)的为基本合格。

④面积检验:毛面朝上,用直尺自颈部适当位置至尾根测量长度,从一侧边缘中间适当部位(横)直线量至另一侧边缘中间适当部位,测出宽度,长宽相乘求出面积。

⑤伤残面积检验:用尺量出(伤残的适当部位)伤残的长度、宽度,长、宽相乘求出面积。

(4)品质等级:收购品质等级见下表。

等级	品质要求	尺寸	密度	绒长
特级	正季节皮,绒毛丰厚、平整、细洁、富有弹性,毛色纯正,光泽油润,无突出的针毛,无旋毛,无损伤;板质良好,厚薄适中	全皮面积在 1400 平方厘米以上	特密:每平方厘米 3 万根以上	1.6~1.8 厘米
一等级	正季节皮,绒毛丰厚、平整、细洁、富有弹性,毛色纯正,光泽油润,无突出的针毛,无旋毛,无损伤;板质良好,厚薄适中	全皮面积在 1200 平方厘米以上	中上:每平方厘米 3 万根以上	1.6~1.8 厘米
二等级	正季节皮,绒毛较丰富、平整、细洁、有油性,毛色较纯正,板质和面积与一等皮相同;或板质和面积与一等皮相同,在次要部位带少量突出的针毛;或绒毛与板质与一等皮相同;或具有一等皮质量,在次要部位带有小的损伤	全皮面积在 1000 平方厘米以上	适中:每平方厘米 2 万根以上	1.5~2.0 厘米

等级	品质要求	尺寸	密度	绒长
三等级	正季节皮,绒毛略稀疏,欠平整,板质和面积符合一等皮要求;或绒毛与板质符合一等皮要求;或绒毛与板质符合一等皮要求,在主要部位带小的损伤,或具有二等皮的质量,在次要部位带小的损伤	全皮面积为 800 平方厘米以上	中下:每平方厘米1.6万根以上	1.5～2.2厘米
等外品	不符合特级、一等、二等、三等级以外的皮张,属于8～27序列以内的皮张			

8. 如何销售獭兔皮

我国各地均有规模不同的毛皮交易市场,下面列举一些供养殖者就近销售。

(1)尚村交易市场:位于河北省沧州市肃宁县,是中国最大的生皮毛皮市场。

(2)留史交易市场:位于河北省保定市蠡县留史镇,有"天下皮毛第一都"的美誉,是我国最大的原料皮市场,是亚洲最大的原料皮集散地。

(3)大营交易市场:位于河北省枣强县,是兔皮的集散地及深加工基地。

(4)辛集交易市场:是中国历史上最大的皮毛集散地和商埠重镇。

(5)阳原交易市场:位于河北省阳原县。

(6)昌黎交易市场:位于河北省昌黎县。

(7)乐亭交易市场:位于河北省乐亭县。

（8）崇福交易市场：位于浙江省桐乡崇福镇。

（9）雅宝路交易市场：位于北京雅宝路，主要针对俄罗斯裘皮市场。

（10）大红门市场：位于北京木樨园三四环之间，聚集着大批的毛皮皮革深加工企业。

（11）华南城交易市场：位于深圳市龙岗区平湖物流基地园区。

（12）佟尔堡交易市场：辽宁省辽阳市佟二堡经济特区，皮装、裘皮服装不仅销往全国各地，还远销美国、俄罗斯、丹麦、韩国及港、澳、台等国家和地区。

（13）余姚交易市场：位于浙江余姚市，已经成为中国裘皮服饰集散地和国内最大的裘皮服装交易市场。

（14）肇源交易市场：位于黑龙江省大庆市肇源，是目前东北地区规模最大、优势最强的裘皮交易市场。

（15）海宁交易市场：位于浙江省海宁市，在国家"改革开放"政策的指引下，星罗棋布的皮革服装厂迅速崛起。

（16）惠州交易市场：位于广东省惠州市，是我国毛皮交易市场的大门，近年来出口獭兔皮主要从这里集中收购和调运。惠州还是我国港、澳、台地区毛皮商进行交易的主要市场。

9. 如何运输獭兔原料皮

凡长途运输的皮张要采用绳捆法包装，每包25或50张，打捆时要毛面对毛面，皮板对皮板，层层叠放，但每捆上下两层必须是皮板朝外，并用塑料编织袋包装，用绳子按"井"字形捆紧打包。

运输时，车厢应清洁干燥，防止日晒雨淋。装卸车时，要尽量将皮铺平以防折断而影响品质。

10. 如何鞣制兔皮

生皮经过机械的、物理的和化学的方法进行加工处理制成柔软、丰满、具有工艺产品要求的毛皮或板皮，这个过程称"鞣制"。

兔皮的鞣制方法很多，主要有甲醛鞣、铬铝鞣和适合广大农村应用的硝面鞣。其原理主要是利用兔皮纤维组织的多孔性,使鞣液扩散至纤维组织,通过吸附作用,使鞣液和纤维组织之间发生一系列的理化作用,将生皮鞣制成柔软、丰满,并具有一定程度稳定性的裘皮。

(1)硝面鞣制法:本法方法简单,成本低廉,毛皮柔软耐用。

①组批与称重:将兔皮按厚薄、大小和存放时间的长短进行分批,便于鞣制质量一致。并将选定的每张皮去掉头皮、脚皮后称重,作为浸水、脱脂的用药依据。

②洗净与浸水:先用清水将皮张上的尘土、粪尿、血迹等污物洗净,然后按每千克皮加 8～10 千克净水在常温下浸泡 12～24 小时。浸泡时兔皮切勿露出水面。并翻转 1～2 次,以便浸泡均匀。为防止浸泡中发生腐败或脱毛,可在每千克水中加甲醛 1～2 毫升。

③脱脂:将皮毛中的绝大部分油脂去掉。常用的脱脂方法有乳化法和皂化法。乳化法是采用肥皂或表面活性物质(如洗衣粉、洗涤剂)进行脱脂。其优点是作用缓慢,不伤被毛。皂化法是用纯碱脱脂。这种方法温度不宜过高,温度过高会使毛的角质受到破坏。在毛皮工业生产中,大多采用乳化法。脱脂液和皮的重量比一般为(10～15)∶1,每千克水中加洗衣粉 1.5～2.0 克,纯碱0.3～0.5 克,pH 值为 8.5～10,水溶液温度保持在 38～40℃,浸泡40～50 分钟。捞出沥水,然后再用清水漂洗。

④浸硝:每千克皮用水 6 千克,每千克水中加芒硝 80～100 克,面粉 50～60 克,在常温下浸泡 16～18 小时,每隔 3～4 小时搅动 1 次。芒硝要先用热水溶化、澄清,取上面清液与面粉拌匀后倒入水中,搅匀下皮。

⑤铲皮:将浸硝后的皮取出,控去水分。用手指从尾部向颈部方向剥皮板上的一层油膜,如揭不净的可以用铲刀由尾部到头部再向四周铲去皮板上的残肉、油脂和结缔组织等。铲皮时要小心,

尽量不要弄破皮板。

⑥硝面鞣制:在原浸硝液中进行,但需按千克水中补加面粉50~60克,芒硝50~60克。以后连续使用,面粉和芒硝只需补加原来的一半即可。将配好的硝面鞣液加温到36~38℃投入皮张,以后每天搅拌2次,并加温1~2次,使温度维持在38~40℃,夏天鞣制可以不加温,鞣制3~6天。鞣制是否完成,可用手推皮张最薄的肷窝皮等部位被毛,如出现轻度脱毛,皮扳手感松懈,伸张性好,即为鞣制好了。

⑦干燥:将鞣制后的皮捞出,控去水分,吹晒至八九成干。晒时要先晒板面,后晒毛面。

⑧回潮:将干燥的皮在皮板面上喷上约干皮重40%的浸硝液,然后板面对板面垛起来,用湿麻袋盖好过一夜,使其水分均匀。

⑨铲皮:回潮好的皮张要用刀铲去未揭净的皮块与较厚的部位,使皮板厚薄合乎要求,并使皮板柔软。

⑩整理入库:将铲下的皮屑抖掉,如有破皮须缝好,缠结的毛梳通,即可打捆入库,存放于阴凉干燥处。同时,在每张皮上放几粒卫生球或樟脑片以防虫蛀。如用霉蛀克片效果更好,既可防霉又可防蛀。

(2)铬铝鞣制法:用纯铝盐鞣制的毛皮洁白、柔软,但不耐水,不耐热。用纯铬盐鞣制的毛皮具有很好的耐水性和耐热性,但有使毛和皮板略带蓝色和皮板收缩变厚的缺点。如把这两种鞣法结合起来鞣制得到的毛皮洁白、柔软、耐水、耐热且出皮率高。但在应用铝铬鞣剂时,要严格控制铬盐的用量,通常三氧化二铬的用量以湿皮计算,不超过0.4%~0.5%(折合红矾0.8%~1%)。

①组批与称重:将兔皮按厚薄、大小、存放时间长短和存放手段的不同进行分批,便于鞣制质量的一致。对有严重脱毛、结毛、腐烂、胶化油渍、血迹以及破不成张,无鞣制价值的残次皮应剔出,作残次皮单独处理。

②打毛:毛被上沾有泥土、柴草、杂物要打净,使毛绒松散,无绣毛。一般用 35～40℃的水均匀喷洒在皮板上,然后板对板静置过夜,使皮板变软后,用打毛机进行打毛,破皮缝好。

③浸水:通过浸水使皮板回软,除去部分血污、粪便等杂物。按干皮重加 15～20 倍的水,在常温下浸泡 22～24 小时。皮板投入池内不能露出水面,中间翻动 2～3 次,使皮板基本均匀浸软,不得有干疤。如有干疤皮,挑出并延长浸水时间。夏季浸水时,应加防腐剂(硅氟酸钠 0.25～0.5 克/升)。

④第 1 次脱脂:洗去皮板和毛被上的血污、泥土、粪便和部分油脂。按干皮重加 15 倍的水,加洗涤剂 AS(烷基磺酸钠,市场有售)每升水加 2 克,纯碱每升水加 0.5 克,在 40℃左右的温水中浸泡 1 小时,每隔 15 分钟搅动 3～4 分钟,捞出用清水冲洗干净,出皮控水。

⑤浸硝:使皮板进一步回鲜。松散皮纤维为去肉创造条件,以干皮计液比为 1∶15,芒硝每升加 20 克,食盐每升加 10 克,硫酸每升加 0.5 克,在 30℃水温下浸泡 16～22 小时,中间搅动 1～2 次。

⑥去肉:将皮板上的油脂和结缔组织等除去,使皮纤维进一步伸张和松散。

⑦第 2 次脱脂:除去皮板、毛被上的油脂和部分可溶性蛋白质,使毛被洁净。以湿皮重计液比为 1∶10,洗涤剂 AS 每升水加 2 克,纯碱每升水加 0.5 克,在 40℃水溶液中浸泡 1 小时,操作方法同第 1 次脱脂。

⑧复浸:使皮板充分回鲜,纤维松散,脊骨无硬心,溶去部分可溶性蛋白质。以湿皮重计液比为 1∶10,食盐每升水加 20 克,夏季常温,冬季 25～30℃水溶液浸泡 14～16 小时,中间搅动 2～3 次。

⑨酶软化:蛋白酶能在常压下催化肽键水解,皮纤维分离,皮

板柔软。以湿皮重计液比为 1∶10,食盐每升水加 30 克,芒硝每升水加 60 克,硫酸每升水加 3 克,酸性蛋白酶每毫升加 10 单位(以后每毫升再补加水 5 单位),pH 值 3～3.5。将规定的水量放入池中,把盐、硝、酸加入,加温至 35～36℃搅拌均匀。取样分析,各项辅料达到要求后才能下皮浸泡,浸泡时间为 14～16 小时。提前 4～6 小时用酸液将酸性酶浸泡,过滤后加入池中,将溶液搅拌均匀后,将皮张逐一投入池中,再搅拌 10～15 分钟。

⑩鞣制:铝铬鞣剂与皮纤维羧基结合,使皮板柔软丰满,提高皮板的抗温、耐水性能,使生皮变成革皮。以湿皮重计液比为 1∶10,食盐每升水加 30 克,芒硝每升水加 60 克(相当于无水芒硝每升水加 26 克),三氧化二铬每升水加 0.3 克,明矾每升水加 10 克,硫酸每升水加 0.8～1 克,氯化铵每升水加 2 克(连续使用每升补加 1 克),浸湿剂 JFC(市场有售)每升水加 0.3 克,滑石粉每升水加 15 克(以后每次每升补加水 10 克),水温要求在 35～45℃。将上述原料(铬液除外)全部加入水中,加温至 35℃,然后加入铬液,搅拌、下皮,翻动 10～15 分钟,12 小时后加温到 36℃,24 小时后加温到 38℃,用纯碱调节 pH 值至 3.8～3.9,再浸泡 20～24 小时,每次加温、调碱后要翻动 2～3 次,出皮静置过夜。

⑪水洗:用常温水洗 3～5 分钟,然后控干。

⑫干燥:将皮板向上,平铺于清洁地面,晒至六七成干。再晒毛,毛晒干后,进行回湿,切忌皮板晾晒过干,以免皮板发生脆裂。

⑬回湿:用温水均匀地喷在皮板上,脊部皮可多喷些。皮板不要过湿或过干,回湿后静置过夜。

⑭整理入库:将鞣制好的皮拉软、铲皮、除尘后,经验收合格的产品入库。存放阴凉干燥处,并注意防霉、防蛀。

二、其他产品的利用

1. 屠宰后如何检验胴体

（1）剖腹净膛：以利刃切开耻骨联合，分离出生殖器官和直肠；沿腹中线切开腹腔，取出全部内脏（半净膛保留肾脏），在第一颈椎处割掉兔头，在跗关节处割掉后肢，在腕关节处割下前肢，在第一尾椎处割下尾巴，最后用清水清洗胴体上的血迹和污物。

（2）腹腔检查

①肺部检查：主要观察色泽、硬度和形态，注意有无充血、出血、溃烂、变性及化脓等病理变化。

②心脏检查：主要观察心外膜有无炎症、出血点，心肌有无变性，心囊液的性状是否正常等。

③肝检查：肝的硬度、大小、色泽。注意有无脓肿和坏死病灶，以及胆囊、胆管有无病变或寄生虫寄生。患肝球虫病时，肝脏实质有淡黄色大小不一、形态不规则、一般不突出于表面的脓性结节。如肝脏表面有针尖大小的灰白色小结节，则应考虑沙门菌病、李氏杆菌病、獭兔热、巴氏杆菌病。在巴氏杆菌、葡萄球菌、支气管败血波氏杆菌感染时肝脏常有脓肿。

④脾脏检查：脾脏大小，硬度，色泽，有无充血、出血与结节等病变。脾脏肿大，有大小不一、数量不多的灰白色结节，若切面呈脓样或干酪样是伪结核病的特征；结核结节为淡黄色或灰白色较硬的干酪样坏死，切面常见钙化。

⑤肾脏检查：肾脏有无充血、出血、变性及结节。如肾脏一端或两端有突出于表面的灰白色或暗红色、质地较硬、大小不一的肿块，或在皮质部有粟粒大至黄豆大小的囊胞，内含透明液体，乃是肿瘤或先天性囊肿的症状。

⑥胃肠检查：胃肠浆膜、黏膜有无充血、出血及炎症（巴氏杆

菌）。盲肠蚓突和圆小囊浆膜下有无散发性和弥漫性灰白色小结节或肿大（伪结核病）。肠道尤其是小肠黏膜是否有许多灰白色小结节（肠球虫）。盲肠、回肠后段和结肠前段浆膜，黏膜有无充血，水肿或黏膜坏死、纤维化（泰泽病）。

另外，注意母獭兔子宫和腹腔有无积脓，表面有无纤维蛋白性附着物（巴氏杆菌病、葡萄球菌病）。

（3）胴体检查：为保证质量，必须细心检查，并复验1次。正常兔肉为粉红色，如呈深红色或黯红色则为老兔或放血不完全的表现。此时可切开肌肉观察切面有无大小血滴渗出。检查肉尸有无创伤、化脓、炎症及各部位和四肢淋巴结有无变化。如淋巴结肿大，尤其是颈部、腋下、腹股沟淋巴结呈深红色并有坏死病灶者，可疑似獭兔热和坏死杆菌病。

检出疾病后的处理按其性质的不同分别以高温、冷冻、胶制、产酸和销毁等方式处理。

凡发现有下列情况之一者应禁止外销：

①肌肉色泽黯红，放血不全。

②肌肉、脂肪呈黄色或淡黄色。

③营养不良，脊椎骨突出者。

④胴体表面有创伤，修割面过大者。

⑤胴体经水洗或污染面超过1/3者。

⑥胴体有严重骨折、曲背、畸形者。

⑦胸部、腹部有严重炎症者。

⑧背部肉色苍白或肉质粗糙者。

⑨胴体露骨、透腔或腹肌扯下者。

（4）修整：修整的目的是为了除去胴体上能使微生物繁殖、污染的淤血、残脂、污秽等，达到洁净、完整和美观的商品要求。

①修除残存的内脏、生殖器、各种腺体、结缔组织和颈部血肉等。

②修整背、臀、腿部等主要部位的外伤,修除各种瘢痕、溃疡等。

③修整暴露在胴体表面的各种游离脂肪和其他残留物。

④从第一颈椎处去头,从前肢腕关节、后肢跗关节处截肢。

⑤用水喷淋胴体,冲净血污,转入冷风道沥水冷却。

2. 如何储藏兔肉

(1)预冷:据测定,刚屠宰的胴体温度一般在 37℃ 左右,同时因胴体本身的"后熟"作用,在肝糖分解时还要产生一定的热量,使胴体温度处于上升趋势,如果在室温条件下放置时间过久,由于微生物(细菌)的生长、繁殖,就会使兔肉腐败变质。

在气温 20℃ 左右而又不通风的情况下,一昼夜便可造成兔肉成批变质,温度越高,腐败越快。所以,预冷的目的就是为了迅速排除胴体内部的热量,降低胴体深层的温度并在胴体表面形成一层干燥膜,阻止微生物的生长和繁殖,延长保存时间,减缓胴体内部的水分蒸发。冷却间的温度最好维持在 −1～0℃,最高不宜超过 2℃,最低不得低于 −2℃,相对湿度最好控制在 85%～90%,经 2～4 小时即可进行包装入箱。

(2)包装:目前,我国出口的冻兔肉,包装要求大致如下。

①带骨或分割兔肉均应按不同级别用不同规格的塑料袋套装,外用塑料或瓦楞纸板包装箱,箱外应印刷中、外文对照字样(品名、级别、重量及出口公司等)。纸箱内径尺码是带骨兔肉为 57 厘米×32 厘米×17 厘米;分割兔肉为 50 厘米×35 厘米×12 厘米。

②带骨兔肉或分割兔肉,每箱净重均为 20 千克。分割兔肉包装前应先称取 5 千克为一堆,整块的平摊,零碎的夹在中间,然后用塑料包装袋卷紧,装箱时上下各两卷成"田"字形,四卷再装入一聚乙烯薄膜袋。每箱兔肉重量相差不得超过 200 克。

③带骨兔肉装箱时应注意排列整齐、美观、紧密,两前肢尖端插入腹腔,以两侧腹肌覆盖;两后肢须弯曲使形态美观,以兔背向

外,头尾交叉排列为好,尾部紧贴箱壁,头部与箱壁间留有一定空隙,以利透冷、降温。

④箱外包装带可用塑料或铁皮,宽约1厘米。因铁皮包带久贮容易生锈,所以大部分冻兔加工厂目前多采用塑料包带,打包带必须洁净,不能有文字、图案、花纹,不宜采用纸带,以防速冻或搬运时破损、散落。

⑤箱外需打包带三道,成"++"字形,即横一竖二,切勿因横面操作不便而不加包带。五分包带需用五分包扣,切忌五分包带用四分包扣,或四分包带用五分包扣,以防箱边破损,兔肉外漏。

(3)冷藏

①冷冻设施:目前,我国冻兔加工多采用机械化或半机械化作业,其工艺水平和卫生标准已达国际水平。

冷冻加工间主要包括冷却室、冷藏室和冻结室等。为了减轻胴体上微生物的污染程度,除屠宰过程中必须注意之外,对冷冻室中的空气、设施、地面、墙壁等乃至工作人员均应保持良好的卫生。在冷冻过程中,与胴体直接接触的挂钩、铁盘、布套等只宜使用1次,在重复使用前,须经清洗、消毒,干燥后再用。

②冷却条件:主要是指温度、湿度、空气流速和冷却时间等。兔肉冷冻,首先是肌肉纤维中水分与肉汁的冻结,然而冻兔肉的质量则与冻结温度与速度有很大关系。据试验,在不同的低温条件下,兔肉的冻结程度是不同的,通常新鲜兔肉中的水分,$-0.5\sim$ $-1℃$开始冻结,$-10\sim-15℃$时完全冻结。

根据测定,在整个冷却过程中,冷却初期因冷却介质(空气)和胴体之间的温差较大,冷却速度较快,胴体表面水分蒸发量在开始1/4时间内,约占总蒸发量的1/2。因此,空气的相对湿度也要求分为两个阶段,冷却初期的1/4时间,相对湿度以维持95%以上为宜;冷却后期的3/4时间内,相对湿度应维持在90%~95%;冷却临近结束时,应控制在90%左右。空气流速是影响冷却时间和程度的又一重要因素。一般冻兔肉在冷却时,空气流速以每秒2米为宜。

③冷却方法:目前我国冻兔肉加工厂都采用速冻冷却法,速冻温度应在-25℃以下,相对湿度为90%。速冻时间一般不超过72小时,试测肉温达-15℃时即可转入冷藏。

无冷却设施的小型加工厂,则应配备适量的风扇、排风扇,炎热季节必须设法使肉温低于20℃,然后直接送入速冻间速冻,使肌肉纤维中的水分和肉质全部冻结。为加快降温可采用开箱速冻法,使原先要72小时速冻压缩到36小时,既节电,又可提高冻兔肉质量,是一项有效的措施。

④冷藏条件:冷藏是将已经冻结的兔肉,为保持肉温不上升,需在冷藏间贮存待运。合理的冷藏条件是,冷库温度应保持在-19～-17℃,相对湿度为90%。冷库内温度升降幅度一般不得超过1℃,在大批量进出货过程中,一昼夜升温不得超过4℃,空气流动以自流、对流为好。如温度忽高忽低,易造成肉质干枯和脂肪发黄而影响质量。

冷藏堆放的方法是,长期冷藏的冻兔肉应堆成方形堆,地面应用不通风的木板衬垫,衬垫高约30厘米,堆高2.5～3米,在冷库容积和地坪负荷允许的条件下,堆放的体积和密度越大越好,冷库的堆装量越多越能提高冷库的利用率。

肉堆与周围墙壁、天花板之间,应保持30～40厘米的距离,距冷却排管40～50厘米,肉堆与肉堆之间保持15厘米的间距,冷库中间应有运送小车的通道,一般不少于2米。

冻兔肉的冷藏期限,主要取决于冷藏温度和原料类型等。实践证明,冷库温度愈低,保藏期愈长。在4℃冷库中,保藏期仅35天;在-5℃条件下,保藏期为42天;在-12℃条件下,保藏期可达100天左右。出口冻兔肉如能保藏在-17～-19℃条件下,则能保藏6～12个月。

3. 如何利用兔头

兔头除食用外,也是提取蛋白胨的好原料,如能开发利用,其经济价值甚为可观。

(1)原料要求:采集健康、新鲜的兔头骨等,提取前先用清水漂洗1～2次,清除污物,然后用锤击碎备用。

(2)蛋白胨的提取方法

①蒸煮:将清洗后的兔头及兔骨放入高压锅内,按1:1加入开水,经高温蒸煮(逐渐升压至245.16～294.19千帕,然后排气1分钟,排除高压锅内剩余冷空气),再度升压至294.19千帕,根据原料情况,保持4～5小时。小型加工厂可采用普通铁锅熬煮,将洗净、击碎的头骨放入装有50℃热水的锅中,先用猛火熬煮,每隔30分钟翻动、搅拌1次,根据原料情况,熬煮时间为6～8小时。

②排油:蒸煮结束时,产生油层和液层,一般可先排除液体表面漂浮的油层,排油时一定要控制流速,采用高压罐蒸煮时,如在排油过程中气压不足,则可再次升压至196.13千帕,排油完毕打开排气节门,将压力放至零,即可开口出料。小型加工厂采用人工舀油时,必须注意防止油液烫人,当油量稀少、舀油困难时,熬煮就可结束,开锅出料备用。

③消化:骨汤放出后装入消化箱内,用冷水降温,待汤温降至50℃左右时,按汤液3‰的用量加入消化酶,调节氢离子浓度到1～10纳摩/升(pH值约8～9),然后在45～50℃条件下消化2小时。前1小时搅拌3次,后1小时搅拌2次。测定消化过程是否完全,可取上清液5毫升,再加0.1%硫酸铜0.1毫升,混合后如呈红色,则表明消化已经完全。

④中和:消化完全的汤液,用15%盐酸中和,调节氢离子浓度到3163～10 000纳摩/升(pH值约5～5.5)(每千克汤液加盐酸2毫升左右),然后加热升温至95～97℃,除去上浮杂质和泡沫,保温30分钟左右进行过滤。

⑤浓缩：经消化、除杂后的骨汤即可装入浓缩锅内，进行蒸发浓缩。在浓缩过程中随时除去上浮泡沫、杂质，待浓缩至11～13波美度时，即得浓缩蛋白胨，如有喷雾干燥设备，可行喷雾干燥，得粉剂蛋白胨。

（3）成品性质与用途：蛋白胨为白色粉状物，易溶于水，受热不凝析，被硫酸铵饱和后不会从溶液中沉淀，主要作微生物培养基用。

4.如何利用兔血

兔血含有很高的营养价值，可加工成多种产品，供食用、药用，或作为畜禽的动物性饲料。

（1）兔血食用：兔血营养丰富，蛋白质含量很高，必需氨基酸完全，微量元素丰富，可加工成血豆腐、血肠等营养食品，血豆腐系我国民间广泛食用的传统菜肴，但用兔血制作的还较少见，它是资源充分利用和提高养兔经济效益的重要途径之一。血豆腐的制作过程，大体为采血→搅拌（加食盐3％）→装盘（血水比为1：3）→切块水煮（水温90℃，蒸煮15分钟）→切块浸水→食用，销售。

血肠是北方居民的传统食品，具有加工简单、营养丰富、价廉物美等特点，制作过程大体为采血→搅拌、加水→加调料→灌肠→水煮→起锅冷却→食用、销售。调料配制可选用：大葱1％，花椒0.1％，鲜姜0.5％，香油0.5％，味精0.1％，精盐2％，捣碎、混匀即成。

（2）兔血饲料：利用兔血可加工成普通血粉或发酵血粉，是解决畜禽动物性饲料的有效途径之一。

目前，国内生产的血粉饲料，大都以猪血或牛血为原料，在现代化獭兔屠宰加工厂或小型屠宰场，也可以兔血为原料生产血粉饲料。其生产过程，大体为采血→混合→发酵＋干燥。先将收集的兔血用等量能量饲料混合，充分搅拌后，接种微生物发酵菌种，置混合血于发酵罐中，在60℃条件下，发酵72小时，然后经热风灭菌干燥,使含水量由 80% 降至 15% 即成。据测定,兔血饲料含粗蛋白 49.5%,粗脂肪 4.5%,可溶性无氮物 35%,粗纤维 5%,粗灰分 4.9%。

(3)兔血医用:兔血可提取多种生物药物和生化试剂,如医用血清、血清抗原、凝血酶、亮氨酸、蛋白胨等。

5. 如何利用兔肝

兔肝呈红褐色,位于腹腔前部,重 40～80 克,占体重 3% 左右。兔肝不但是味美可口的食品,而且可以用来制肝宁片,对于慢性肝炎、肝硬化、肝原性骨质疏松、牛皮癣有特殊疗效,还可以用于肝心综合征、毒性和无黄胆性的肝胆损害妊娠中毒等病症治疗。

6. 如何利用兔胰脏

兔的胰脏既是消化腺,又是内分泌腺,胰液中含有胰蛋白酶、胰脂肪酶、胰淀粉酶。利用胰脏可提取胰酶、胰岛素等。

7. 如何利用兔胆

兔胆有类似熊胆的作用,可用它来制作胆酸钠片。胆酸钠片是一种利胆药物,有利于脂肪的消化和吸收,对胆汁缺乏、消化不良或胆囊炎有特殊的疗效。

8. 如何利用兔胃

兔胃属单室胃,位于腹腔前部,可分为贲门部、幽门部、胃底及胃体部,胃壁黏膜能分泌胃液,含有盐酸和胃蛋白酶原,在医药工业上常用兔胃提取胃膜素和胃蛋白酶等。

9. 如何利用兔肠

兔肠很长,其长度为体长的 10 倍左右,在医药工业上,可用兔肠作为提取肝素的原料。

10. 如何利用兔肾、睾丸

兔肾、睾丸常作为滋补品,可冷冻保存后出售。

11. 如何利用兔胎盘

母獭兔分娩时,胎盘多被母獭兔自食或废弃,如能及时收集,积少成多,即可加工成兔胎盘粉。胎盘粉常作滋补剂,用于治疗神经衰弱、发育不良、体弱贫血等症。

12. 如何利用兔粪尿

(1)兔粪尿是一种优质高效的有机肥料:兔粪中含的氮、磷、钾比其他畜禽粪便都高,还含有多种微量元素和维生素。1只成年兔1年大约可积肥100千克,相当于10.85千克硫酸铵、10.90千克过磷酸钙、1.79千克硫酸钾的肥效。

兔粪尿能改良土壤团粒结构,提高土壤肥力,并具有杀虫灭菌、抗旱保墒等作用。施用兔粪尿的土壤,能减少蝼蛄、红蜘蛛、黏虫等地上和地下的害虫,在棉苗期施用稀兔粪尿能防治侵害棉苗的地老虎,用兔粪尿熏烟可杀死僵蚕菌,使蚕茧丰收。施用兔粪尿对各种作物都能起到增产作用。

兔粪尿中的尿素、氨态氮及钾、磷等都能被植物直接吸收利用,但其中未被消化吸收的蛋白质不能被植物直接利用,需经发酵腐熟后才能被吸收,因此必须对兔粪尿进行加工处理,以提高其肥效和利用率。

①堆积发酵:将兔粪尿和残剩草料一并堆积,边堆边加水,使其水分含量达到50%左右。堆成圆形,周围用泥封闭,任其发酵。经数周后,里边温度可达50℃以上。待温度下降后,打开粪堆,再任其发酵一段时间,一般以变为褐色、无臭味和酸味,手感质松软、不粘手,即已腐熟好。

②制成兔粪尿液:将收集到的兔粪尿中的杂草去掉,按1∶7加水入缸封闭(用塑料或泥土将缸口封住),夏秋季3~4天,冬春季10~15天即可发酵好,用麻袋或纱布滤去渣,即成兔粪尿液。使用时再加入10倍水稀释,装入喷雾器,施于农作物叶面上,每667平方米施用5~10千克,对大麦、小麦、水稻行穗期叶面喷施,可获得明显的增产效果。

③制成颗粒肥料:将兔粪尿中的饲草、杂质去掉,晒干后装入

塑料袋,扎紧袋口待用。此种颗粒肥料易保存、肥力强、使用方便,可作穴肥施于果树、茶园、蔬菜。作基肥使用时,除肥效显著外,还具有抗旱保墒、杀虫灭菌等作用。

(2)兔粪在养殖业中的应用:兔粪中含粗蛋白质 9.2%,粗脂肪 1.7%,无氮浸出物 52%,总灰分 8.2%,还含有烟酸、泛酸、维生素 B_{12} 等。实践证明,兔粪是一种好饲料,用兔粪喂畜禽鱼类,能很好地被消化吸收和利用,例如:

①兔粪喂猪:国内外用兔粪喂猪的报道很多,许多养兔户用兔粪喂猪,节省了精料,增加了经济收入。综合养兔户用兔粪喂猪的方法有下列几种:

第一,用鲜兔粪直接喂猪。用一口大锅烧开水(按水粪 1:2 比例加水),将捡去杂质的新鲜兔粪放入锅内煮沸 5~10 分钟,再加入混合精饲料(兔粪占 30%~40%,精饲料占 60%~70%)继续煮沸 3~5 分钟,并将兔粪球搓开搅拌,使粪料混合均匀,成稠粥样。待温凉后即可饲喂,每天可喂 3~4 次。用兔粪喂肥猪,每头可节省 50~100 千克混合精料,喂母猪每只可节省混合精料 175 千克。15~20 只成年兔粪可供一头母猪食用。

第二,发酵后喂猪。发酵法有两种:一是将收集到的新鲜兔粪去掉杂物,晒干砸碎装缸,每 10 千克干兔粪加 6~7 千克水、0.1~0.2千克食盐,搅拌均匀,装缸八成满,然后将缸口用塑料薄膜密封发酵。发酵时间:夏季 2~3 天,春秋季 5~10 天,冬季 15~20 天。二是将收集到的新鲜兔粪去掉杂物,搓碎后拌入青饲料(水草、菜叶、洋槐叶等),粪与青饲料按 3:1 的比例。再加入 0.5%~1.0%食盐和适量清水,加水量以手攥紧不滴水,一松手又散开为度,然后装缸压实,在其上边再加上 2~3 厘米厚的麸皮、米糠等,以便保温。一般装八成满,最后将缸口用塑料薄膜或黏土封严发酵,热天经 2~3 天,冷凉天经 8~15 天即可发酵好。发酵后有酸香味,适口性好,猪喜吃。

第三,晒干粉碎后喂猪。此法比较简便。即将收集到的鲜兔粪去掉草和杂质,在阳光下晒干后粉碎,配合混合精料直接用来喂猪,粪料与精料比可为3：7。

②兔粪喂鸡:兔粪可以代替部分玉米饲喂肉鸡。

③兔粪喂鱼:将屠宰下脚料(包括胃肠道中的粪便)放入锅中,加水煮熟后再加入玉米面、麸皮、谷糠等,继续煮沸5分钟(下脚料约占60%、混合精料占40%左右),使之成为稠粥样。取出放在水泥地上再掺入一部分玉米面、麸皮、谷糠等组成的混合精料,晒干制成颗粒饲料喂鲤鱼,适口性好,生长快。经90天饲养,使鲤鱼每公顷产量增收50%左右。

附录 獭兔皮行业标准

本标准是为适应我国獭兔皮(原名为克斯兔皮)的生产、经营，维护生产者、经营者以及使用者各方面的利益，结合我国獭兔皮生产、流通的实际而制定的。

本标准由中国畜产品流通协会提出。

本标准由中国畜产品流通协会归口。

本标准起草单位：中国畜产品流通协会、中国皮毛交易网、杭州养兔技术咨询服务中心、万山獭兔开发(北京)有限公司、吉林职业师范学院经济技术学院。

本标准主要起草人：应承业、闫绍武、刘美辰、李玉贤、李茂珍、李永欣。

1 范围

本标准规定了獭兔皮的技术要求、检验方法、检验规则、包装、标志、贮存、运输。

本标准适用于獭兔皮的初加工、收购和销售的质量检验。

2 定义

本标准采用下列定义。

2.1 绒毛丰厚

绒毛稠密，手感丰满，光泽好，有弹性，毛面平整。

2.2 绒毛较丰厚

绒毛略见丰满，光泽较好，有弹性，毛面平整。

2.3 绒毛略稀疏

绒毛稍显空疏，光泽较弱，毛面欠平整。

2.4 旋毛

局部绒毛倒伏呈漩涡状。

2.5 老板皮

老龄兔的皮,皮板厚硬,板面显粗糙,鞣制时不易鞣透而皮板发硬。

3 技术要求

3.1 加工要求

3.1.1 宰剥适当,去掉头、尾和小腿。

3.1.2 沿腹部中线将皮剖开,刮净油脂、残肉,整形、展平、固定,呈长方形晾干。

3.2 质量要求

3.2.1 等级规格

特等:绒毛丰厚、平整、细洁、富有弹性,毛色纯正,光泽油润,无突出的针毛,无旋毛,无损伤;板质良好,厚薄适中,全皮面积在1400平方厘米以上。

一等:绒毛丰厚、平整、细洁、富有弹性,毛色纯正,光泽油润,无突出的针毛,无旋毛,无损伤;板质良好,厚薄适中,全皮面积在1200平方厘米以上。

二等:绒毛较丰富、平整、细洁、有油性,毛色较纯正,板质和面积与一等皮相同;或板质和面积与一等皮相同,在次要部位可带少量突出的针毛;或绒毛与板质与一等皮相同,全皮面积在1000平方厘米以上;或具有一等皮质量,在次要部位带有小的损伤。

三等:绒毛略稀疏,欠平整,板质和面积符合一等皮要求;或绒毛与板质符合一等皮要求,全皮面积为800平方厘米以上;或绒毛与板质符合一等皮要求,在主要部位带小的损伤,或具有二等皮的质量,在次要部位带小的损伤。

3.2.2 等内皮的绒毛长度均应达到1.3～2.2厘米。色型之间无比差。

3.2.3 老板皮和不符合等内要求的,列为等外皮。

3.2.4 等级比差:特等为 140%;一等为 100%;二等为 70%;三等为 40%。

4 检验方法

4.1 检验工具、设备与条件

4.1.1 工具:米尺。

4.1.2 设备:操作台。

4.1.3 检验场地:干燥、清洁、散射自然光线充足的房间。

4.2 操作方法

4.2.1 绒毛检验:将皮毛面朝上,平放于操作台上,用一只手捺住皮的尾部,用另一手捏住皮的颈部并上下抖动,观察绒毛的颜色、光泽、细洁、密度、毛面平整程度,有无伤残缺损等。然后用捏颈部皮板的手抚摸绒毛,感觉绒毛的密度、厚度、弹性程度以及用口吹绒毛,进一步检查绒毛的密度及伤残等。

4.2.2 绒毛长度检验:在皮的两侧中部适当部位,将绒毛拨开量其长度。

4.2.3 皮板检验:将皮翻转,板面朝上,观察皮形是否完整、有无伤损、油性大小、脂肪与残肉是否除净、板面的颜色等,手感皮板的厚薄、软硬等。

4.2.4 面积测量:用米尺自颈部中间到尾根量出全皮的长度,从能够代表全皮平均宽度的部位(一般为腰间适当部位)量出宽度,长度乘以宽度即为全皮面积。

5 检验规则

5.1 抽样检验:5 件以下(含 5 件)逐张检验,6 件以上的部分随机抽验不少于 20%。

5.2 购销双方按本标准规定进行检验,检验误差为±5%。

5.3 如对检验结果出现异议,则对有异议的部分进行复验。如双方对复验的结果仍存异议,则需双方通过协商解决。

6 包装、贮存、标志、运输

6.1 包装

按照等级将毛面对毛面,板面对板面地码摞,每50张用绳打成一捆。每4捆装于包装袋内为一件。

6.2 贮存

库房内存放。库房要清洁、干燥、通风、防虫、防鼠、防潮、防雨。

6.3 标志

每件包装上应挂牢已填写清楚的标签。

6.4 运输

运输工具要清洁,运输过程中要严防雨淋和暴晒。

主要参考文献

1. 陶岳荣等. 獭兔高效益饲养技术. 北京:金盾出版社,2001
2. 张玉等. 獭兔饲养技术. 北京:中国农业出版社,2001
3. 朱瑾佳. 獭兔. 南京:江苏科学技术出版社,2001
4. 汪志铮. 獭兔养殖技术. 北京:中国农业大学出版社,2007
5. 邢秀梅,杨福合,张嘉保. 獭兔高效养殖技术一本通. 北京:化学工业出版社,2010
6. 任克良. 现代獭兔养殖大全. 太原:山西科学技术出版社,2002
7. 向前. 优质獭兔饲养技术. 郑州:河南科学技术出版社,2005